二十四节气与世界时间

张琛驰 —— 主编

本书为农业农村部农村社会事业促进司、中国农业博物馆 2021—2022 年度二十四节气保护传承研究课题「全球视域下二十四节气与其他时间制度比较研究」成果

中国出版集团有限公司
研究出版社

图书在版编目 (CIP) 数据

二十四节气与世界时间 / 张琛驰主编. — 北京：研究出版社，2025.5. — ISBN 978-7-5199-1816-3

Ⅰ. P462-49

中国国家版本馆 CIP 数据核字第 20254KC427 号

出 品 人：陈建军
出版统筹：丁　波
图书策划：寇颖丹
责任编辑：韩　笑

二十四节气与世界时间

ERSHISI JIEQI YU SHIJIE SHIJIAN

张琛驰　主编

研究出版社 出版发行

（100006　北京市东城区灯市口大街 100 号华腾商务楼）

北京新华印刷有限公司印刷　新华书店经销

2025 年 5 月第 1 版　2025 年 5 月第 1 次印刷

开本：710 毫米 ×1000 毫米　1/16　印张：16

字数：151 千字

ISBN 978-7-5199-1816-3　定价：59.80 元

电话（010）64217619　64217652（发行部）

版权所有・侵权必究

凡购买本社图书，如有印制质量问题，我社负责调换。

编辑委员会

主　编　张琛驰

副主编　张彤阳

编　委　张琛驰　张彤阳　马林莹　曾　艺　鲍欣蕾
　　　　　张　莹　陈婧怡　吴　桐　何东亭　赵瑶瑶
　　　　　孔垂正　王少迟　夏东宇　于　淼　仝　愔
　　　　　晁辛宁　刘贝嘉　万映辰　罗振江　王　晗
　　　　　刘雨佳　徐晓美慧　尹姝红

序 言

  我悉心关注和学习二十四节气相关问题已有一段时间。2016年，中国向联合国教科文组织申报二十四节气作为人类非物质文化遗产代表作名录的候选项目，向联合国教科文组织提交申请书的单位是中国农业博物馆、中国民俗学会和若干地方社区，当时我便积极参与其中。中国提交的申报书所给出的关于二十四节气的简要说明是："中国古人将太阳周年运动轨迹划分为二十四等份，每一等份为一个'节气'，统称'二十四节气'。二十四节气是认知一年中时令、气候、物候等方面变化规律所形成的知识体系和社会实践，指导着传统农业生产和日常生活，是中国传统历法体系及其相关实践活动的重要组成部分。在国际气象界，这一时间认知体系被誉为'中国的第五大发明'。"

从个体到社会，都被置于一定的时间和空间当中。空间是固定的、具体的，而时间则需要通过某种办法加以测定和标识。最初，人们测定和标识时间的参照物是自己感知到和观察到的日、月的运动规律以及物候和气候的变化。什么时间月圆了、月缺了；什么时间天长了、天短了；什么时间冰化了、河开了、风来了、雨来了；什么时候天气转暖，冬蛰的昆虫苏醒了，大地可以耕种、种子可以发芽、庄稼可以生长了；什么时候候鸟飞来了、鸟飞走了……这些气候和物候的变化，就被我们的先人当作早期测定时间的依据。

时间是世间一切物质存在的丈量方式，时间概念是一个抽象的概念，是物质运动变化的持续性、顺序性的表现。时间是人类用以描述物质运动过程或事件发生过程的一个参数。人们为了更准确地衡量时间、计算时间、记录时间，就要进一步选择具有普适性、恒久性和周期循环性的参照物。于是，太阳、月亮、谷物的成熟期等就成了优选的参照系。人类很早就学会观察日月星辰，用以测量时间。大约在纪元前5000年，人们利用直杆观察日影，标定时间。纪元前11世纪，已经有了关于日晷和漏壶的记载。详细记录时间的钟表的发明，大约已经是13世纪下半叶的事情了。

协调和规范各民族或国家群体内部公共时间制度的，

是各国实行的特定历法。我们的传统节日体系，例如春节、元宵节、端午节、中元节、中秋节、重阳节，以及清明和冬至等，都是依据过去千百年来通行的阴阳合历而确立的。这种历法在我们心目中，也在我们的实践活动中，直至今天依然占有重要地位。正像我们对光华照人的月亮以及太阳倍感亲切和极尽赞颂之情一样（人们把月亮和太阳神格化，编创出大量神话传说就是最好的说明），对使用了几千年的阴阳合历我们同样有着深深的钟情和依恋。

我们的古代先人通过观察太阳运动规律认知节气，把自然界的变化、动植物呈现的状态以及我们生存环境乃至人体功能的状态和变化都反映出来，相当准确：雨水，草木萌动；霜降，草木黄落；立秋，凉风至等等。这些都是人们从对自然界的细致观察总结出来的，体现出我们先祖对于自然规律认知的准确性和科学性。我们中国人在生活中把太阳历与太阴历合并使用，形成阴阳合历的时间制度。这两种计时方法，表面上看来似乎是互不关联、彼此相悖，但在我们的生活中交错使用、互为补充，形成了协调并用、多元而统一的时间计算体系。这个多元而统一的时间体系就是我们中国人生产生活的节律和节日体系的背景。

二十四节气被列入联合国教科文组织人类非物质文化遗产代表作名录，是我们中国人的二十四节气在新时代的响亮赞歌。中国人关于时间制度的这一发明，成为整个人类知识宝库中受到普遍关注的珍贵遗产。它作为人类认识自然、顺应自然和利用自然的典范，具有历史高度和科学深度，必将受到世界各国民众的尊重、关爱和保护。而将这一独特的时间制度置于世界多元文化的大背景下进行深入的比较研究，无疑能为我们打开一扇通往人类共通时间观念的窗户，促进文化的相互理解和相互尊重。

《二十四节气与世界时间》正是基于这样一种文化自觉与学术追求而诞生的。它不仅是简单的历法对比，更是一次跨越时空的文化探索，旨在通过详细梳理二十四节气的起源、发展、内涵及其对中华文明的深远影响，同时介绍古埃及太阳历、回历、印度历、当今欧美各民族广泛使用的格列高利历以及部分现代民族和地区的独特时间观念与实践，构建起一个多维度的时间制度比较框架。

在此框架中，二十四节气以其独有的"天人合一"哲学思想为核心，展现了中华民族顺应自然、尊重时序的智慧。它不仅精确划分了自然界的变化节律，如春种、夏长、秋收、冬藏，还蕴含着丰富的文化内涵与民俗风情，如清明祭祖、冬至吃饺子等，成为中华民族传统文化中不可或缺的一部分。相比之下，古埃及太阳历强调太阳的崇拜与年岁周期的把握，回历则注重月相变化与农业生产的关系，印度历法融入了复杂的星宿崇拜与历算体系，而公历作为当今世界广泛采用的计时标准，其形成背后也凝聚了科学进步的力量与历史的沧海桑田。本书通过深入分析这些时间制度的异同，揭示了它们各自所承载的文化价值观、科技发展水平及社会组织结构等大量信息，进一步探讨了时间制度对人类思维方式、生产活动、社会生活乃至历史进程的影响。更重要的是，本书倡导了一种跨文化的理解与对话，强调在全球化背景下尊重并珍视人类文化多样性的必要性，通过相互学习、借鉴与融合，共同促进人类文明的繁荣与发展。

总之，《二十四节气与世界时间》是一部具有深刻学术价值与文化意义的著作。它不仅是时间科学研究领域的一项重要成果，更是推动全球文化交流互鉴的一次有力尝试。本书的出版，或将激发更多学者与读者对时间问题的进一步思考与探讨，以促进世界各国各民族建设并丰富自己更加和谐美好的时间文化图景。

中国社会科学院荣誉学部委员

二十四节气保护传承联盟荣誉理事长

2025年3月

目 录

绪 论 / 001

第一章　二十四节气与时间制度 / 005

　　第一节　阴阳历时间制度体系 / 006

　　第二节　二十四节气与中国农历 / 011

第二章　二十四节气与全球古文明时间制度 / 017

　　第一节　二十四节气与古埃及时间制度 / 019

　　第二节　二十四节气与古希腊时间制度 / 046

　　第三节　二十四节气与古罗马时间制度 / 064

　　第四节　二十四节气与玛雅文明时间制度 / 078

第三章　二十四节气与世界现行主要时间制度　/　095

第一节　二十四节气与公历　/　097

第二节　二十四节气与东亚文化圈时间制度　/　129

第三节　二十四节气与伊朗历　/　150

第四节　二十四节气与回历　/　168

第五节　二十四节气与犹太历　/　189

第六节　二十四节气与印度历　/　203

第七节　二十四节气与佛历　/　220

第四章　全球视域下二十四节气保护传承策略　/　231

第一节　全球视域下二十四节气的特点　/　232

第二节　二十四节气的保护传承路径　/　238

绪 论

"一切存在的基本形式是空间和时间"[1]。空间和时间的概念在人类长期实践活动中逐步萌芽发展，其度量方法也在人类早期探索中渐具规模。时间是意识的独特产物，人类测定和标识时间的参照物最初是自身感知和观察到的物候与气候变化，这些变化是早期测定时间的依据，并逐渐形成比较完备的制度体系[2]，赋予了时间自然属性之外的文化内涵。这些时间制度在人类文明进程中始终具有举足轻重的地位，是人类认识自然并逐渐掌握变化规律的具体体现，亦是促进农业、天文、气象、人文发展最基础的手段。

协调和规范各民族或国家群体内部公共时间制度的是各国实行的特定历法。[3]《大戴礼记》中记载，"圣人慎守

---

[1] 中共中央马克思恩格斯著作编译局，中共中央列宁斯大林著作编译局. 马克思恩格斯选集：第3卷[M]. 北京：人民出版社，1972：91.
[2] 刘魁立. 中国人的时间制度和传统节日体系[J]. 节日研究，2010（01）：48-52.
[3] 刘宗迪. 从节气到节日：从历法史的角度看中国节日系统的形成和变迁[J]. 江西社会科学，2006（02）：15-18.

日月之数，以察星辰之行，以序四时之顺逆，谓之历"[1]。历法是一种推算年、月、日的时间长度并规范这三者关系的计时办法，是由国家制定的影响全社会的基础性时间建制[2]，是人们安排生产生活、维护社会有序运行的标尺。时间观念制度均与日、月两大天体运行规律相关，因此世界上最为普遍的历法，一是以地球围绕太阳旋转的周期为参照的太阳历，即"阳历"。现阶段使用范围最广的公历即属于阳历。二是以月球围绕地球旋转的周期为参照的太阴历，也称"阴历"。三是参照了对月亮、太阳的观察，兼顾太阳历和太阴历形成的综合性历法"阴阳合历"，最为典型的阴阳合历即中国农历。国内民间传统节日体系，都依农历确立。

为了准确制定一个能够指导农业生产生活、标志寒来暑往规律的计时办法，中国先民将一年365天分为24等份，形成了"二十四节气"的时间标识制度。这项时间制度生动呈现了自然界的循环、动植物的生长，以及我们人体的状态和变化，如雨水，草木萌动；霜降，草木黄落；立秋，凉风至等。这都是基于人们对自然界的细腻感触而形成的，体现出古人对自然气候客观规律的准确认知。

---

[1] 王聘珍. 大戴礼记解诂·卷五·曾子天圆第五十八[M]. 王文锦, 点校. 北京: 中华书局, 1983: 100.
[2] 湛晓白. 时间的社会文化史：近代中国时间制度与观念变迁研究[M]. 北京: 社会科学文献出版社, 2013: 29.

二十四节气作为中国特有的时间制度，深刻影响着人们的思维方式和行为准则，指导着春耕、夏耘、秋收、冬藏等农事活动。各农业区域依据节气安排农业劳动，举办节令仪式和民俗活动，安排家庭和个人衣食住行等各项事宜。

从全球范围来看，伴随着生活生产的需求和文明社会的发展，世界历史上不同文明也产生了内涵丰富、形式多样的时间制度，例如玛雅文明、古罗马文明等。这些时间制度是古代农业文明的最好注解，也是推动农业科技发展的基础工具。随着人类文明的进步，各国主要历法也在不断演变。同时，伴随宗教国家的演进也产生了一些宗教特有的时间制度。这些时间制度逐渐成为现代世界各国的官方历法，也无一例外对当地生产生活产生了重大推动作用。在古代中国等国家，时间制度不仅是秩序的标识，更是王权、天命的重要象征。"王者易姓受命，必慎始初，改正朔，易服色，推本天元，顺承厥意。"[①] "正朔"中的"正"指一年之始、"朔"为每月初一，政权更迭后最重要的事情之一便是观天测象、颁正布朔，用以说明政统的合理与合法性。因此，"正朔"之内涵也由最初的天文历法范畴，演变为以"天统"来证明"政统"的合理与合法性。

---

① 司马迁. 史记·卷二十七 天官书第五[M]. 裴骃, 集解. 司马贞, 索隐. 张守节, 正义. 中华书局编辑部, 点校. 北京: 中华书局, 1982: 1256.

可见，时间制度兼具自然属性与文化烙印，多样性与特异性并存。通过二十四节气与其他国家地区时间制度的比较研究，可管窥中外科技、制度、文化发展等多维度的异同。然当前学界鲜有对国外时间制度的系统梳理，更缺乏中外时间制度的比较研究。有鉴于此，本书在全球视域下，将二十四节气与其他古今主要时间制度进行比较研究，立足不同地区的文明特点和历史源流，分析总结异同，进而提出二十四节气保护传承利用的建议。

第一章

二十四节气与时间制度

人类先民通过对天象的长期观测，逐步制定出阴历、阳历、阴阳合历三类历法，其中阴历以月相盈亏周期划分月份，阳历依据太阳回归确定年长，而阴阳合历则通过置闰调和日月周期。中国农历便是典型的阴阳合历，其兼收阴历、阳历之长，采用"干支纪历"系统。特别是农历在发展过程中吸收二十四节气，不仅能更准确记录天象，而且对季节、物候变化的表达更加精确，对农业活动、民风民俗、生产生活都产生了深远影响。

第一节　阴阳历时间制度体系

一、阴历

阴历是根据月相盈亏变化周期制定的历法，古人称月球为"太阴"，故称该历为"太阴历"，简称"阴历"。其将月亮圆缺一周的时间算作一个月，即"朔望月"（又称"太阴月"、古称"朔策"或"朔实"），历时29日12小时44分2.8秒；循环十二周为一年，又以30年为一周期，其间第2、5、7、10、13、16、18、21、24、26、29年，共11年为闰年，在当年的12月末置一闰日。因而，年有平年、闰年之分，平年有354天，闰年有355天，平均历时354日8小时48分33.6秒。阴历不置闰月，在一年12个月中，单数月份（1、3、5、7、9、11）为大建，即大月，每月30天；双数月份（2、4、6、8、10月）为小建，即小月，每月29天，12月在平、闰年分别为29天、30天。

阴历可以较为精确地反映月相变化，每一日都有一定的月相意义。如初一为朔，即新月；十五、十六或十七是满月，即望；初七、初八是上弦月；二十二、二十三是下弦月。①因此,据阴历可知在月球(主导作用)和太阳引力影响下形成的潮汐变化,利于安排航行、渔业等水上生产生活。但其未考虑地球绕太阳的公转运行,积2.7回归年相差一月,无法根据月份和日期判断季节的变化周期。②因而,随着时间推移,阴历的某个节日可能四季轮转。

  月相是古人容易观察的天象,古埃及、古希腊、古巴比伦、古印度等诸多文明古国都曾使用过阴历,且大多是先有阴历,再有阳历。然而因其与回归年无关,对农业生产生活的指导不够准确的弊端日渐凸显,渐渐被多数国家弃用。目前只有伊斯兰教国家在处理宗教事务时还使用被称为"希吉来历"或"伊斯兰教历"(旧称"回回历",简称"回历")的纯阴历。该历于元代传入中国,政府将据伊斯兰教历法撰成的万年历颁行全国,供穆斯林使用。现今甘肃等地回民的开斋节(尔德节)、宰牲节(古尔邦节)和圣纪节等民族节日,其具体日期都是按希吉来历确定的。③

---

① 樊岚岚. 中华传统万年历(1801~2100年)[M]. 西安: 陕西科学技术出版社, 2015: 4.
② 中国科学技术馆. 中国古代天文[M]. 北京: 科学普及出版社, 2021: 49.
③ 蔡伟, 冯振杰. 回回历法与甘肃回民的年节习俗[J]. 甘肃教育学院学报(自然科学版), 1999(04): 63-67.

二、阳历

太阳历是据地球绕太阳公转运动周期制定的历法，简称为"阳历"。阳历的年平均长度近似于太阳年（回归年），即约为地球围绕太阳旋转一周所需的时间（365天5小时48分46秒）。平年为365天，闰年为366天，每4年一闰，每满百年少闰一次，到第400年再闰，即每400年中有97个闰年。一年分为12个月，1、3、5、7、8、10、12月为大月，每月31天；4、6、9、11月为小月，每月30天；2月在平年为28天、闰年为29天。

阳历中月份、日期都与太阳在黄道（太阳在天球上的周年视运动的轨道）上的位置较好地对应，故能与四季寒暖变化相契合，与人类生产、生活相协调，更加精确与便利，特别是对于农业文明的发展具有关键意义。因而古埃及、玛雅等地逐步发明使用阳历。

阳历最早由古埃及人制定。其后，该历的发展主要历经两个阶段。第一阶段是公元前46年罗马统帅儒略·凯撒（Gaius Julius Caesar）执政时期，索西琴尼等天文学家在埃及太阳历的基础上制定"儒略历"，于公元前45年1月1日颁行，替代了此前的阴历。第二阶段为1582年，此时儒略历的春分日与实际时间已相差10天。罗马教皇格列高利十三世专设历法改革机构，由里利乌斯等对"儒略历"

再次修订，颁布"格列历"（"格里历"）[①]，将该年的日期计算减少10天，从而调整了过去千余年积累的时差[②]。因此，"格列历"逐步被世界各国政府采用，又称"公历"。

中国在与国际接轨过程中也逐渐融入世界通用历法体系。1912年1月1日，孙中山就任临时大总统后，将公历确立为正式历法[③]。随着政府与民众间的博弈与融通，国内在20世纪30年代以后，逐步形成了以公历（阳历）为主、旧历（阴阳合历）为辅的新局面[④]。

然而阳历与阴历相比，也存在一定局限性。首先，阳历缺乏月相信息，无法体现月相周期（如新月、满月），不及阴历对航运与渔业的指导作用。其次，阳历虽能反映季节，但无法细化到物候变化，因而在农事指导方面仍存在局限性。

三、阴阳合历

由于阴历与阳历间存在时长差异，约每隔2.7年便会相

---

① 屈垠利. 中国农历——一块落满灰尘的中华瑰宝[J]. 社科纵横（新理论版）, 2012, 27 (03): 252-254+284.
② 韩延本. 儒略历·格里历·新世纪[J]. 天文爱好者, 1999(03):25+12.
③ 孙中山. 临时大总统改历改元通电[A]//孙中山全集 第2卷. 北京: 中华书局, 1982: 5.
④ 左玉河. 从"改正朔"到"废旧历"——阳历及其节日在民国时期的演变[J]. 民间文化论坛, 2005, (02): 62-68.

差1个月。为弥合这一差距，古人经过长期探索，在阴历里添加1个月（闰月），使之与阳历相齐，逐步设计出阴阳合历。该历是兼顾月亮绕地球运动周期和地球绕太阳运动周期而制定的历法。其中月的平均长度接近朔望月，历年的平均长度接近回归年，是一种"阴月阳年"式的历法。它既能使每个月份基本符合季节变化，又使每一月的日期与月相相对应，因而兼具实用性、文化性、精准性等特点。通过置闰使季节与历法偏差不超过1个月，精准性优于纯阴历。

中国的阴阳合历在中国殷商时期就已出现，并沿用至今。从施行时间、影响范围、精确程度等方面衡量，堪称世界范围内阴阳合历的典范之作[1]，生动诠释了中华文明连续性与包容性。

从全球范围看，阴阳合历几乎同时在欧亚大陆西部得到确定，美索不达米亚与古埃及、印度等均有阴阳合历的早期探索。特别是公元前5世纪至公元前4世纪期间，东西方文明均发展出类似的置闰规则体系，展现出跨地域的同步性。

---

[1] 陈巍. 古代世界的阴阳合历[J]. 中国科技教育, 2021, (01):76—77.

第二节　二十四节气与中国农历

在中国历法演变历程中，先民将特有的"十天干"（甲乙丙丁戊己庚辛壬癸）与"十二地支"（子丑寅卯辰巳午未申酉戌亥）采取"阳配阳""阴配阴"，即同性相配的原则，按顺序搭配，构成甲子至癸亥等60对组

图1　甲骨文六十甲子表[①]

合，称"六十甲子"，武丁时期的一块牛胛骨上即刻有完整的60干支表。天干地支循环往复、周而复始，逐步形成用以纪年、纪月、纪日、纪时的干支纪历系统，子鼠、亥猪等12属相纪年法亦随之衍生。

二十四节气作为中国时间制度的精华，是干支历中表

---

① 中国社会科学院历史研究所编：《甲骨文合集》，中华书局，1999年，第24440号。

示季节、物候、气候变化以及确立"十二月建"的特定节令。[①]北斗七星的斗柄指向为"建",冬至所在月份为建子之月(子月),余类推,至小雪所在的建亥之月(亥月),是为"月建"(又称"月令",简称"节")。北斗七星斗柄绕东、南、西、北旋转一圈,为一周期,即"十二辰",谓之一"岁"。

由于规定的四季会随岁首(正月)月建的选择不同而异,故相关规则的制定十分重要。汉武帝太初元年(前104年),正式启用太初历,将岁首由冬十月改为正月,并吸收二十四节气作为补充,与春种、夏忙、秋收、冬闲的农事活动相契合。

二十四节气起源于四季分明、农业历史绵长的黄河中下游地区,而后流布至其他地区。其可能萌芽于夏商时期,当时已能由测日影而定冬至、夏至。据《尚书·尧典》《周礼·春官宗伯》记载,冬至、夏至、春分、秋分至迟到西周时期被测定。随着天文测量技术及对自然认识规律的日益提高,二十四节气在战国时期基本形成,于秦汉时期完全确立[②]。其名首见于西汉的《淮南子·天文训》,如"十五日为一节,以生二十四时之变""距日冬

[①] 李燕,罗日明主编. 中华古代科技[M]. 北京:海豚出版社, 2023: 59.
[②] 隋斌,张建军. 二十四节气的内涵、价值及传承发展[J]. 中国农史, 2020, 39 (06): 111–117.

至四十六日而立春,阳气冻解,音比南吕"①等。

二十四节气将地球绕太阳运行一周的轨道(黄道)360度分为24个等分点(以春分为0点),每个等分点间隔15度并均有专名,生动反映着物候节律、气候变化、农作物生长等特征。每月逢单者为"节气"(简称"节"),逢双者称"中气"(简称"气"),二者统称"节气"。正如节气歌所言,"春雨惊春清谷天,夏满芒夏暑相连。秋处露秋寒霜降,冬雪雪冬小大寒。每月两节不变更,最多相差一两天。上半年来六廿一,下半年是八廿三"②。可见,二十四节气所代表的太阳黄经实际上乃地道的阳历。但在阴历、阳历糅合下,其形式上却不同于通常所说的阳历。在观象授时时期,农耕周期即庆典周期,节气即节日。由于阴阳合历以阳历纪农时、阴历纪年月,节气和按照阴历设定的节日逐步分离,二者并行不悖。因此我们会发现,阴历之春节和阳历中的立春在每年到来的先后顺序有所不同。而在单纯实行阳历(公历)的地区,纪时周期即为庆典周期③阴阳合历中,回归年日数介于12和13个朔望月间,经过推算,人们通过增置"闰月"的方法来调年

---

① (汉)刘安. 淮南子集释·卷三 天文训[M]. 何宁, 撰. 北京: 中华书局, 1998: 213-214.
② 王如, 杨承清. 中华民俗全鉴[M]. 北京: 中国纺织出版社, 2022: 150.
③ 刘宗迪. 从节气到节日: 从历法史的角度看中国节日系统的形成和变迁[J]. 江西社会科学, 2006(02): 15-18.

月。在19年中加入7个闰月，即19年中，有12个平年（12个月）、7个闰年（13个月），从而使19年中有235个朔望月，等于6939.6910日。自古以来，闰月的安插完全是人为的规定，历代不尽相同。秦代以前将闰月置于一年的末尾，乃"十三月"。汉初把闰月放在九月之后，叫作"后九月"。太初历将闰月分插在一年中的各月，其后又规定将不包含中气的月份作为前一个月的闰月，并沿用至今。

夏朝是中国史书中记载的第一个奴隶制朝代，制定了国内最早的历法，其相关内容在《夏小正》《吕氏春秋》等作品中多有体现。太初历恢复了夏朝的建正，即以建寅之月为岁首。且阴阳合历对农业文明发展意义重大，故其亦称"夏历"或"农历"。[①]1970年，国内正式使用"农历"命之，取代"夏历""旧历""阴历"等称谓。

由于农历编算依靠太阳和月球的预报位置，以及一定的日期编排规则，日月位置预报精度的差异和日期编排规则的不同都会直接影响农历日期的编排结果。长期以来，国内缺乏农历的颁行标准。因而，公开发行的农历日历产品间存在日期编排、节气时间、重要传统节日不一致等诸多问题。为此，中国科学院紫金山天文台计算、起草《农历的编算和颁行》（GB/T 33661—2017），在2017年9月1

[①] 任荣侠, 张鹏. 浅谈二十四节气与农历的协调及影响[J]. 彭城职业大学学报, 2003 (03): 105-107.

日正式实施，首次将农历的编算和颁行纳入国家标准化管理体系。具体标准如下。

（1）以北京时间为标准时间。

（2）朔日为农历月的第一个农历日。

（3）包含节气冬至在内的农历月为农历十一月。

（4）若从某个农历十一月开始到下一个农历十一月（不含）之间有13个农历月，则需要置闰。置闰规则为：取其中最先出现的一个不包含中气的农历月为农历闰月。

（5）农历十一月之后第2个（不计闰月）农历月为农历年的起始月。

按照国家标准，农历的表示方法遵循中国传统历法，农历年按照干支纪年和生肖纪年法命名，例如北京时间公历1984年2月2日0时起到1985年2月19日24时截止的农历年为甲子年，该年也为生肖纪年的鼠年。农历月按照数序纪法命名，日按照数序纪法和干支纪法命名。[1]

总体上，农历采阴历、阳历之长，在一定程度上弥补了二者之缺憾，将时间与空间概念有机结合，既反映出日月天象规律，又展现出季节、物候变化。其源于农业生产生活实践，是中华农业文明智慧的宝贵结晶，并随着农业技术，以及天文、计算水平的进步而不断发展。特别是农

---

[1] 中国科学院紫金山天文台. 历书查询[EB/OL].（2023-01-02）[2024-03-25]. http://pmo.cas.cn/xwdt2019/kpdt2019/202203/t20220309_6386774.html.

历中的二十四节气，生动体现着中国传统的科学观、世界观和价值观。2014年，中国农业博物馆启动二十四节气申报人类非物质文化遗产工作。2016年11月30日，二十四节气被正式列入"人类非物质文化遗产代表作名录"，得到国际社会的广泛认可。如前所述，全球范围内诸多古老民族在历史长河中孕育出独特时间制度，以大历史观视角对这些制度进行梳理分析，可以更好地理解中国的农历制度，特别是二十四节气时间制度的源流、现状，以及未来发展方向。通过凝练其特征，亦可探寻中外文明交流中互融互促的重要意义，并由此管窥中外农耕文明乃至人类文明的发展历程和演进特点。本书之后将就此展开详细论述。

第二章

二十四节气与全球古文明时间制度

  自古以来，为协调和规范内部公共时间制度，各民族或国家群体制定并施行了特定历法。各文明古国在不同时代、不同地域背景下，形成了各具特色、灿烂辉煌的早期文明。在历史发展进程中，随着文化交融碰撞，逐步演化出阴历、阳历、阴阳合历三类历法。"时间"被文明赋予了更多自然层面以外的文化内涵，如本为天体运行所造的自然时间度量单位"年"，被不同文明根据自身需要作了不同选择，如伊斯兰之阴历年、古代玛雅人之阳历年。[1]时间制度是每一种文明的内在组成，其多样性与特异性并存。

---

[1] 俞金尧，洪庆明. 全球化进程中的时间标准化[J]. 中国社会科学，2016（07）：164–209.

各文明古国的时间制度虽有差异，但在历史发展的普遍规律上是一致的，在历史进程的总体方向上更是殊途同归。全球古文明一般指埃及、巴比伦、印度、中国、希腊等人类文明最大且最早的国家或地区，有时也包括玛雅等。这些古文明大多位于北温带、中纬度，邻近大河或海洋，属于气候湿润、土地肥沃之地，是现代不同文明的发祥地。它们在"农医天算"等领域都取得过瞩目成就，对世界科学技术史做出了重要贡献，尤其是以天文历法为代表时间制度的发明创造，使全球古文明有了明确的时间观念，人类由此得以认识世界并改造世界。但古代早期文明基本呈现多元化独立发展的特点，时间制度亦各有特色，本章选取古埃及、古希腊、古罗马和玛雅四个各具特色的古代文明，围绕时间制度的发展源流及其对农业生产、商业贸易、政治活动、民俗节庆、文化宗教等方面的影响，依次展开论述，通过对时间制度的梳理，分析这些时间制度形成、演化的原因与动力，及其与社会生产生活互动下的逐步调适，并探讨这些时间制度与二十四节气间的异同。

第一节　二十四节气与古埃及时间制度

一、古埃及时间制度的发展源流

古埃及人在生产生活中先后创立三种时间制度：阴星历、民用历（太阳历）和太阴历（阴历）。阴星历根据天狼星起落时间将一年分成三季，分别为洪水泛滥季（泛滥季）、作物播种及成长季（耕种季）、作物收获及低水位季（收获季）。民用历被视为公历的起源，其将每季分为4个月，一年共12个月，每月30天，岁末增加5天节日，共计365日。太阴历基于阴星历作了调整，将其与民用历对应起来，主要用于确定宗教节日和神庙事务的日期和时间。

古埃及时间制度经历了长期演变，受到天文学、宗教信仰、农业需求和社会组织等多重影响。同样地，这些时间制度在古埃及农业生产、政府管理、仪式庆典等各方面都扮演了关键角色。

（一）阴星历

正如马克思所言："计算尼罗河水涨落的需要，产生了埃及的天文学。"①古埃及人在生产生活中发现，每年6月中下旬开始，尼罗河流域迎来暴雨，河道普遍涨水，洪水裹挟大量腐草及藻类来到下游，把河水染绿，并散发臭味，这就是泛滥前的"绿水"。7月以后尼罗河水剧增，携带大量泥沙，把河水染成红褐色，呈"红水"现象。至11月，水位逐渐下降，恢复正常。与结绳记事的方式相似，古埃及人通过在竹竿上记录每次洪水的时间来追踪尼罗河的泛滥情况，进而察觉到河水有规律的周期性涨溢。每年7月中旬，会有一次尼罗河河水的涨潮，波及开罗附近，这样的泛滥周期大约是354天。

在古埃及文化中，天狼星被视为预示尼罗河洪水来临的神圣象征。由于某次巧合，古埃及人敏锐地注意到，尼罗河河水上涨时，恰逢天狼星和太阳一同在地平线上升起，即发生了在天文学中被称为"偕日升"的现象（经过一段时间因隐藏在地平线以下或在阳光的照耀下而消失后，某颗星星在拂晓时又出现在东方的地平线上）②，天狼星便是一颗偕日恒星。因此，古埃及人将天狼星偕日升之

---

① 资本论：第1卷[M]//马克思. 马克思恩格斯全集：第23卷. 北京：人民出版社，1972：562.
② 普吕谢. 我的第一堂自然课 奇妙的探索之旅[M]. 王柳棚，译. 武汉：华中科技大学出版社，2022：187.

日设定为一年的第一天。[1]人们对这颗星报以崇高的敬意，甚至将其当作神来崇拜。他们在全国各地修建庙宇，祭祀天狼，祈祷丰收，埃及伊希斯女神神殿的大门特意朝向天狼星升起的方位。也有人认为著名的埃及金字塔就是用来观测天狼星的，因为天狼星的埃及象形字也是三角形的，很像金字塔的形状。耐人寻味的是，近年来天文学家研究发现，天狼星偕日升与尼罗河河水开始泛滥同时发生的现象大概率是缘于巧合[2]，自然状态下二者很难同步。[3]

总之，古埃及人依据尼罗河的泛滥周期和农作物的生长模式，将一年确定为354天，并将其划分为3个季节。第一个季节即泛滥季，被称为阿赫特（Akhet），意思是"泛滥"，对应尼罗河的洪水期，在7月到10月。第二个季节即耕种季，名为佩雷特（Peret），是"出现"之意，通常在11月到2月，这是种植和农作物发育的阶段，河水消退，陆地重新出现，幼苗开始生长。第三个季节即收获季，叫苏穆（Shemu），表示"无水"，通常在3月到6月，预示农作物收获。每个季度划分4个月，每个月有29天或30天，分成4个星期，小月每周分别为7、8、7、7天，大月每周分别为

---

[1] 斯垂伊. 玛雅历法及其他古代历法[M]. 贺俊杰，铁红岭，译. 长沙：湖南科学技术出版社，2012：52.
[2] 包维尔，吉尔伯特. 猎户座之谜[M]. 冯丁妮，译. 海口：海南出版社，2000：154-155.
[3] 武家璧. 上古天文学的起源[M]. 郑州：河南人民出版社，2019：179-180.

7、8、7、8天。人们将一年的岁首定在第三季的第4月里，这一天被称为"年的开始者节"①。

这一古埃及的特有历法名为"阴星历"。这种历法形成于古埃及文明早期，在前王朝时期（埃及文明第一时期，约前40世纪）得到广泛使用。其综合月球和天狼星的运行规律制定，不是普遍意义上的阴历。由于阴星历与太阳回归年有十几天差距，3年后天狼星偕日同升之日（即岁首）便不能保持在第三季的第4月里。为将岁首稳定置于第三季的第4月，古埃及人每3年就设置一个闰月加在岁末，这个月为30天。

随着古埃及国家的不断发展，这种忽而12个月忽而13个月的不稳定历法的弊端日渐显露，越来越不利于国家政治、经济活动的正常进行。于是，古埃及人便着手制定一种更加稳定、科学和适用的历法。

（二）民用历（太阳历）

西方"历史之父"、古希腊历史学家、作家希罗多德（约前484—前425年）曾言："埃及人在全人类当中第一个想出了用太阳年来计时的办法，并且把一年的形成时期分成十二部分。根据他们的说法，他们是从星辰得到了这

---

① 杨柳凌, 袁指挥. 古埃及历法漫谈[J]. 吉林华侨外国语学院学报, 2004（01）: 132-134.

种知识的。"①

如前所述，古埃及人将天狼星在黎明前初次出现在东方地平线到再次出现的这段时期定义为一年，岁首之日选在天狼星在黎明时分初升的那一天。通过仔细观察和记录天狼星偕日同升的周期，得出周期的平均时间为365天。因此，新颁布的历法规定一年有365天，依旧分为三季，每季包含4个月，但每个月都固定为30天。一个月被划分为两个阶段，前10天是一个大周，接下来的5天构成一个小周。②每年年末的最后5天，分别用来庆祝冥王奥西里斯、太阳神何露斯、黑暗之神塞特、生育女神伊希斯、死亡女神尼芙蒂斯五个神祇的诞辰。希罗多德便认为："他们（古埃及人）计年的办法要比希腊人的办法高明，因为希腊人每隔一年就要插进去一个闰月才能使季节吻合，但是埃及人把一年分成各有三十天的十二个月，每年之外再加上五天，这样一来，季节的循环就与历法相吻合了。"③

新历法大约创立于公元前2937—前2821年期间，名为"民用历"，这是目前已知人类依据太阳变化并结合天狼

---

① 希罗多德. 历史（希腊波斯战争史）[M]. 王嘉隽，译. 北京：商务印书馆，1959：276-277.
② 杨柳凌，袁指挥. 古埃及历法漫谈[J]. 吉林华侨外国语学院学报，2004（01）：132-134.
③ 希罗多德. 历史（希腊波斯战争史）[M]. 王嘉隽，译. 北京：商务印书馆，1959：276-277.

星制定的世界上第一部太阳历法，被视为公历的源头，因此在世界历法发展史上占据重要地位。罗马凯撒大帝时期引入埃及的民用历，在此基础上创立了儒略历，到中世纪教皇格列高利对其进一步改进和完善，最终形成了我们今天使用的公历。

（三）太阴历（阴历）

民用历创立后，阴星历并没有废止，仍然为古埃及人沿用。民用历主要用于行政事宜，阴星历用于农业生产，以及确定宗教节日和神庙事务的时间。最初，民用历和阴星历之间还保持着密切的对应关系，但是久而久之，两种历法在时间上会出现差异。由于民用历没有置闰的做法，这样每4年就会出现1天的误差，累积下来每120年就相差1个月。

古埃及人注意到这一情况后，便对阴星历作了调整，不再强调阴星历与天狼星的密切联系。也就是说放弃了把天狼星置于第三季第4月确定岁首的方法，而是将它与民用历对应起来。这样一来，天狼星在历法中的作用几乎就没有了，而阴星历也就变成了真正的太阴历，这也是古埃及出现的第三种历法，大约在公元前2500年。

太阴历以月亮圆缺变化为依据，将一年分为12个月，但由于每个月设置29.53天，一年只有354.36天，比太阳历少10.88天。①太阴历在古埃及主要用于确定宗教日期,不管太阳历还是太阴历,一天都被划分为24个小时,每个变化都以一个星座或一个恒星的出现为标志。古埃及人将白天和黑夜各自划分为十二等份,从日出到日落,再从日落到日出,每段时间都是整体的1/12。

为此,古埃及人用棍子发明了一个简单的测定仪,类似中国古代的日晷,通过观察太阳高度来确定白天的12个小时。到了公元前16世纪,埃及人又设计出一种水钟来测定夜间12个小时的时刻。水钟是一个上大下小像花盆一样的容器,上面刻着线条作为标记刻度。使用时将水灌到特定位置,再让水从底部一个小孔逐步滴出,水平面降到一个刻度即表示夜间的某一时刻。这一水钟后来经希腊人改进成为古代的漏壶。

需要说明的是,古埃及自公元前18世纪后,固定使用每年365日的历法。由于每年约差0.25日,至公元前13世纪,差不多正好差了4个月。由此,古埃及人发现1461个古埃及年等于1460个太阳年②,即一个索梯斯周期(Sothic Cycle),又被称为"天狼星周期"③,从而认识到了太阳

---

① 令狐若明.古埃及天文学考古揭示的辉煌成就[J].大众考古,2015(06):72-76.
② 赵克仁.浅谈古埃及的天文学[J].阿拉伯世界,1999,(03):58-59.
③ 令狐若明.古埃及天文学考古揭示的辉煌成就[J].大众考古,2015,(06):72-76.

年的准确长度。为纠正前述不精确年的误差,公元前238年,托勒密三世曾颁布诏书,试图在每4年中增加一个附加日(闰日)。然而,这一规定并未被埃及人接受。公元前139年第三个天狼星周期结束后,古埃及人仍沿用之前的历法。[①]直到公元前22年,历法中才正式开始设置闰日。

在古埃及被异教徒征服前,埃及人一直使用阴星历等几种历法。它们之间互相适应、彼此补充,适用于不同的生活、生产和宗教活动。历法反映出古埃及人对天文学和农业的深刻理解,在古埃及文明的繁荣和稳定中起到了关键作用,是古埃及人管理、组织和生产生活中的重要工具。

二、河流、农业与时间制度

(一)尼罗河与古埃及的时间制度

古埃及文明诞生于尼罗河沿岸,是世界上最早发展农业的文明之一。沙漠和尼罗河绿洲共同造就了古埃及的生态系统,该国终年降雨稀少,夏季炎热干燥、冬季温和凉爽。

尼罗河作为古埃及的生命之源,其稳定规律的泛滥周

---

① 朱威烈.人类早期文明的"木乃伊"古埃及文化求实[M].杭州:浙江人民出版社,1988:308.

期直接决定了古埃及农业生产活动的时序。洪水给这片土地带来了肥沃的泥沙和充足的淡水资源。人们不仅要因地制宜地修建灌溉、排水、耕种系统，保护农田不受洪水侵袭，防止土壤过度湿润和盐碱化，并控制洪水流向来浇灌作物；更要把握时机，合理播种、耕作、收获，避免劳动成果付诸东流。

根据尼罗河水的涨落和农作物生长的规律，古埃及形成了一套特有的季节观念，将一年划分为三季（见图1）。如每当泛滥季时，尼罗河水位上升淹没整个河谷，人们就迁移到高地上建造房屋等待河水自行消退，在加工处理作物的同时，为下个季节的播种工作做好准备。其余两个季节依次相当于是冬季和夏季。对此，希罗多德曾生动而夸张

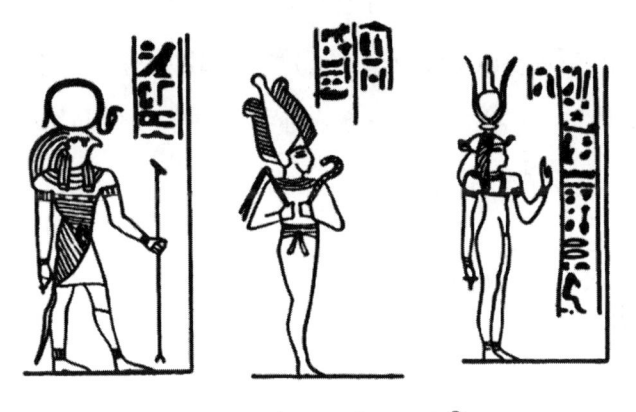

图1 古埃及三季的标志[①]

---

① 陈遵妫.中国天文学史(中)[M].上海：上海人民出版社，2006：1087.

地描述:"那里的农夫只需等河水自行氾滥出来,流到田地上去灌溉,灌溉后再退回河床,然后每个人把种子撒在自己的土地上,叫猪上去踏进这些种子,此后便只是等待收获了。"[①]古埃及历法中12个月的名称大多反映的是季节、物候等自然现象的变化。比如,三月(哈图尔)的意思是绿色逐渐回归大地;五月(图巴)的意思是雨水丰沛、土地肥沃;六月(阿姆希尔)的意思是大暑;七月(巴尔马哈特)意为小暑。这几个月份与二十四节气的清明、谷雨、小暑、大暑所表示的气候、物候现象相似。[②]

总之,尼罗河的生态系统很大程度上决定了阴星历等历法的制定,正如 *Astronomy of Ancient Egypt: A Cultural Perspective*(《古埃及天文学:一种文化视角》)一书所言:古埃及历法是来自尼罗河的赠礼(*The Calendar of Ancient Egypt: A Gift of the Nile*)[③]。古埃及基于自然环境形成的独特时间制度,对维系农业、经济的发展与繁荣起到了至关重要的作用。

[①] 希罗多德. 历史(希腊波斯战争史)[M]. 王嘉隽,译. 北京:商务印书馆,1959:276-281.
[②] 新华社. 古埃及历法与"二十四节气"惊人相似[N/OL]. 新华网,2016-12-04[2024-11-09]. http://www.xinhuanet.com/world/2016-12/04/c_1120049180.htm.
[③] BELMONTE J A, LULL J. The Calendar of Ancient Egypt: A Gift of the Nile[M]//BELMONTE J A, LULL J. Astronomy of Ancient Egypt: A Cultural Perspective. Berlin: Springer, 2023.

（二）黄河与二十四节气

二十四节气起源的黄河流域整体上光照充足、降水集中、无霜期短，四季分明、温差悬殊，造就了"微雨众卉新，一雷惊蛰始""小暑金将伏，微凉麦正秋""金气秋分，风清露冷秋期半""小寒时节，正同云暮惨，劲风朝冽"等不同时节的鲜明特征。不同于古埃及依据尼罗河泛滥周期制定历法，自古以来，黄河虽存在水土流失、泥沙淤积、洪涝灾害等问题，但从大禹治水到汉代瓠子堵口，从分流到束水攻沙，人们始终在积极治理、改造黄河，甚至将"弃而不耕"的盐卤之地、沙淤之田改造为良田，人们在一年内可以稳定地从事农业生产。因此，节气的形成与发展基于黄河流域的自然气候，得益于人们对其环境的不断改造与维护。

与此同时，以天时、地利（地宜）、人和（人力）为核心的三才理论萌芽，成为古代中国农业思想的重要部分。三才思想始于《周易》，糅合了气、阴阳、五行学说。人们以此来阐述各个时节对应的农事活动，"春者阳气始上，故万物生。夏者阳气毕上，故万物长。秋者阴气始下，故万物收。冬者阴气毕下，故万物藏。故春夏生长，秋冬收藏，四时之节也"[1]。因此，"天时"意味着

---

[1] 黎翔凤. 管子校注·卷第二十 形势解第六十四[M]. 梁运华, 整理. 北京: 中华书局, 2004: 1168.

要注重气候变化的时序性,遵从阴阳气的消长变化,确保农业生产不违农时,作物、牲畜的机体与生态环境和谐统一。正如中国四大农书之一的《齐民要术》记载:"顺天时,量地利,则用力少而成功多。任情返道,劳而无获。"①

围绕黄河流域季节鲜明的特点,及人们开展农业实践的时间节点,中国古代将一年分为四季。四季按照太阳在黄道上的位置划分,以立春为春季开始,至谷雨结束;以立夏为夏季开始,至大暑结束;以立秋为秋季开始,至霜降结束;以立冬为冬季开始,至大寒结束。二十四节气又分为四类,表示寒来暑往变化的有:立春、春分;立夏、夏至;立秋、秋分;立冬、冬至。象征气温变化的有:小暑、大暑、处暑、小寒、大寒。反映降水量的有:雨水、谷雨、白露、寒露、霜降、小雪、大雪。反映物候现象或农事活动的有:惊蛰、清明、小满、芒种。可以说节气是源于人们对黄河流域广袤大地上物候等自然现象的细致观察,以及对生产实践宝贵经验的不断总结。节气也由此逐步发展为指导农业生产的有力工具。

综上,二十四节气和古埃及时间制度均发源于大河流域,但各异的环境塑造了两国人民不同的农业生产节奏,

---

① 贾思勰. 齐民要术校释[M]. 缪启愉,校释. 缪桂龙,参校. 北京:农业出版社,1982:43.

由此衍生了各具特色的时间制度体系。譬如，两国均根据农事周期纪年，甲骨文里的"年"字，便是上部为"禾"，下部为"人"，以禾谷的收获周期表示一年。古埃及以尼罗河周期性泛滥下独特的耕作制

图2 甲骨文"年"字

度化为三季，华夏先民则以作物的生、长、收、藏分为四季。再如，古埃及历法中，指导生产生活者以尼罗河泛滥为岁首，以宗教为目的者将天狼星偕日升之日定为岁首。对于二十四节气的起点，近来有学者多有争议。有认为应以春季立春为首、以大寒为尾；有认为应以冬季冬至为首，以大雪为尾。冬至为首的观点，除参考天文划分法外，主要依据《淮南子·天文训》记载二十四节气的第一个节日为冬至。立春为首的观点，则主要与四季轮回相符、与中国人的生产生活习惯相契合。二者皆有依据，学界时常争论，但无论结果如何，均与古埃及历法的起点及其制定方式存在差异。

总之，时间制度是人们出于农业实践或宗教仪式等需求，观测推算天象，结合当地生态气候特征，制定出的经验性知识体系，并以此来预测未来的气候走向，更好地开展生产生活。

三、古埃及和古代中国天定历之比较

（一）古埃及

古埃及人通过对日月星辰的观测来制定历法，他们最早命名了四个黄道星座，分别对应春分点（双子座 Gemini）、夏至点（室女座 Virgo）、秋分点（人马座 Sagittarius）及冬至点（双鱼座 Pisces）。[1]

古巴比伦人和古埃及人将黄道划为对应12个月的360度圆周，每个月的天空有一个特定星宿作为标志，从而形成了每宫30度的黄道十二宫概念。[2]希腊化时期，生活在埃及的天文学家托勒密（Claudius Ptolemy）将十二宫划分为日、夜两半球，夜半球对应着长形黄道图的"南方天空"和东方，日半球对应着长形黄道图的"北方天空"和西方。

为记录天象观测数据，古埃及人还构建起了三十六旬的天文体系。将旬星（与天狼星有相似运行规律、每年在夜空消失70天）的运行轨迹与日期相结合，制作星表。人们选定36颗旬星，每10天会有一颗旬星消失，而另一颗新的旬星会出现，从而将10天划分为一个"星期"，360天后

---

[1] 廖元锡，毕和平. 自然科学概论[M]. 王红梅，刘晓慈，赵志忠，等，副主编. 武汉：华中师范大学出版社，2014：20.
[2] 吴宇虹. 巴比伦天文学的黄道十二宫和中华天文学的十二辰之各自起源[J]. 世界历史，2009（03）：115-129.

所有的旬星都出现并消失一次，其余的5天再以其他星星记录，在丹德拉神庙和艾什纳神庙发现的黄道图中便环绕着36颗旬星。丹德拉圆形黄道图展示了春分、秋分、夏至、冬至。其中，冬至到夏至期间为"南方天空"；夏至到冬至期间是"北方天空"。[①]

公元前1世纪的一份纸草文献记载："最长的一天，收获季第3个月的第10天……最短的一天，泛滥季第1个月的第16天往后90天……最短的一天，泛滥季第4个月的第16天……"[②]二十四节气对应黄道十二宫的始点和中点，如将托勒密王朝的太阳历（民用历）与二十四节气相对应。从泛滥季第1天开始，历经三个半月（7个节气 106天）到冬至，那么泛滥季始于白露，文献中描述的"最短的一天"即为"夏至"。自夏至前推3个月1旬，则收获季始于清明节后的第6天。可能是出于将岁首置于第三季的第4月的目的，收获季经历了5个月加150天；泛滥季比尼罗河涨水时标要晚约2个月，以暴涨到最高水位（白露）为标准，冬至正好是泛滥季第4月的中气。并且，冬至平气与泛滥季第4月同时结束，即到达一年的终点；而播种季仅剩3个月。

---

① 颜海英. 古埃及黄道十二宫图像探源[J]. 东北师大学报（哲学社会科学版），2016(03)：179–187.
② 颜海英. 古埃及黄道十二宫图像探源[J]. 东北师大学报（哲学社会科学版），2016(03)：179–187.

随着天文观测、推算技术的提升，古埃及的历法也结合星象（特别是天狼星）的季节变化，不断优化完善，民用历便以天狼星偕日同升的周期确定一年天数。太阴历则以月相为依据，弥合阴星历、民用历累计的误差。三种历法在古埃及世界中互相协调，基本满足了人们在农业生产、宗教生活等不同情境中的计时需求。

（二）古代中国

二十四节气的起源与发展同样伴随着星象测定，历经物候、岁时知识的积累。现有研究大致认为二十四节气最先起于两分（春分和秋分）或两至（夏至和冬至），前者以观测星象为主，后者主要观测日影。

在观测星象方面，郭沫若创造性地提出黄道十二辰区（子丑寅卯辰巳午未申酉戌亥），即中国从商代开始用于六十循环计日的干支（词源"母子、幹枝"）体系中的十二支。不同于西方十二星座为黄道之十二区段，中国是以二十八宿星为日月五行星在黄道十二辰上行宿的标志。故每一辰区内有2个或3个星宿而不是1个。

中国先民将木星视为农业时令之神，12年的木星（岁星、岁阳）周期在划分太阳年的四季和以节气为标志的农时历法中起到了决定作用。《史记·天官书》记载："察日、月之行以揆岁星顺逆。曰东方木，主春，日甲乙……岁行三十度十六分度之七，率日行十二分度之一，十二岁而周天。出常东方，以晨；入于西方，用昏。"[1]有趣的是，古埃及历法的最早的实物例证是希拉康坡里斯神庙"大宝藏"坑中出土的蝎子王权标头。蝎子王生活在公元前3100年以前，"蝎子"图案代表了黄道十二宫中的天蝎宫，其上方的七角芒星一般认为是木星（朱庇特Jupiter）[2]。西方十二宫的排序是向右行（顺时针，东南西北），和日月五星的视觉轨道一致；而中国的黄道十二辰区的起始次序为左行（逆时针，东北西南）排列，和日月五星的运行相逆，这可能是按照北斗星的左行轨道确定的。然而，日月、木星及其他行星的运行轨道为从东、南到西、北的右行方式。为了使木星轨道和十二辰同方向相配合，春秋以来，人们发明了对应木星的假设星体"太岁、岁阴、太阴"，确保木星的对应假星太岁在十二辰中顺行。故古代天文书中一般记录太岁假星每年所在的辰位。如晋灼云："太岁在四仲，则岁行三宿；太岁在四孟四季，则岁行二宿。二八十六，三四十二，而行二十八宿，十二岁而周天。"[3]

---

[1] 司马迁.史记·卷二十七 天官书第五[M].裴骃,集解.司马贞,索隐.张守节,正义.中华书局编辑部,点校.北京：中华书局，1982：1312-1313.
[2] 武家璧.上古天文学的起源[M].郑州：河南人民出版社，2019：147-164.
[3] 司马迁.史记·卷二十七 天官书第五[M].裴骃,集解.司马贞,索隐.张守节,正义.中华书局编辑部,点校.北京：中华书局，1982：1312-1313.

早在夏商时期，十二辰的标志二十八星宿就已经全部产生了。据考证，殷商甲骨文中记录了最早的星名。在出土的武丁时期殷墟甲骨片中，曾发现"火"与"鸟"等星名。其中"火"星也称"大火""心星"，即为前面提到的天蝎宫对应天蝎座的最亮星（α）。大火星是明亮的一等星，并用其伏见南中代表季节。《左传·昭公三年》记载："火中，寒暑乃退"，注曰："心以季夏昏中而暑退，季冬旦中而寒退。"[1]每年昼夜等长之时（春分），日落而大火星恰从东方地平线上升起，代表寒冷渐去。此后，黄昏时大火星越来越高，数月后抵达正南方，而后愈低，至昼夜再次等长之时（秋分），大火星便隐而不见。因此，人们可以通过观察其运行确定季节。[2]哲学史家庞朴指出，大约从新石器时代晚期到商代前期，在阴阳历之前，人们很可能曾以大火星为示时星象，存在一套名为"火历"的历法。[3]

图3 卜辞关于大火星的记载[4]

---

[1] 左丘明. 春秋左传集解 昭公元第二十[M]. 杜预, 集解. 李梦生, 整理. 南京: 凤凰出版社, 2015.

[2] 郑艳. 二十四节气探源[J]. 民间文化论坛, 2017(01): 5-12.

[3] 庞朴. 火历钩沉——一个遗失已久的古历之发现[J]. 中国文化, 1989(01): 3-23.

[4] 中国社会科学院历史研究所编：《甲骨文合集》，中华书局，1999年，2874号

在观测日影方面，先秦时期的先民们通过"立杆测影"来测定正东西向，而后定正南北向，这在《周髀算经》《考工记》等典籍中多有体现。这一时期通过组织人员测定天时，产生了比较具体的农时观念，如《周礼》记载当时安排"冯相氏"一职，"掌十有二岁、十有二月、十有二辰、十日、二十有八星之位，辨其叙事，以会天位。冬夏致日，春秋致月，以辨四时之叙"[①]。被视为尧都或与尧有关的山西襄汾陶寺遗址，亦主要利用太阳来测方立向。与尧有关的历法文献《尚书·尧典》中记有："（帝尧）乃命羲和，钦若昊天，历象日月星辰，敬授人时。分命羲仲，宅嵎夷，曰旸谷。寅宾出日，平秩东作。日中，星鸟，以殷仲春。厥民析，鸟兽孳尾。申命羲叔，宅南交，曰名都。平秩南讹，敬致。日永，星火，以正仲夏……星虚，以殷仲秋……星昴，以正仲冬……期三百有六旬有六日，以闰月定四时，成岁。"[②]可见此时为四时历法，即每年以二十八宿中的星、心、虚、昴四个星座在黄昏时见于南中天之日，以春分、夏至、秋分和冬至来划分一年。这种历法包含了以太阳日影（如日中、日永）为参照的太阳历法和以夜晚星空（如星鸟、星火）为参照的星

---

① 孙诒让. 十三经注疏校记·周礼注疏校记·卷第二十六·冯相氏[M]. 雪克, 辑校. 北京: 中华书局, 2009: 199-200.
② 孙星衍. 尚书今古文注疏·卷一 虞夏书一 尧典第一·上[M]. 陈抗, 盛冬铃, 点校. 北京: 中华书局, 2004: 10-22.

位历法，是一种特殊的"阴阳合历"。此后，随着对物候、雨量等指标的观测与知识的积累，根据太阳在黄道上的位置来划分的二十四节气逐步形成。其视太阳从春分点出发，每前进15度为一个节气，运行一周360度又回到春分点，为一回归年。[1]

大火星、星鸟、星火和天狼星等均为偕日恒星，即在太阳黄道附近，表现出与太阳同升或同落规律的恒星。中国和埃及的先民均以偕日恒星作为参考，制定了早期的时间制度。中国先民通过观测木星轨道发明了十二辰划分周天法，黄道十二宫源自古巴比伦和古埃及，将太阳的黄道与每月的特定星宿相结合。此后，黄道十二宫传入中国，其具体时间和过程虽尚不清晰，但这一源自古巴比伦和古埃及，在古希腊形成的天象系统，在经波斯、印度向中国传播的过程中，其形式和内涵已经发生了程度不一的变化，并且对中国本土节气和历法的发展产生了深远影响。[2]

四、历法、节气与节日

节日的起源和发展大多伴随着观天定历的过程，节日融合国家、民族的历史、宗教、文化等元素而逐步成型。

---

[1] 郑艳. 二十四节气探源[J]. 民间文化论坛, 2017(01): 5-12.
[2] 宋神秘. 中古时期黄道十二宫在中国的传播和汉化[J]. 中国科技史杂志, 2021, 42(02): 189-199.

当代埃及和中国沿袭的诸多重要节日，均展现着早期时间制度对人们生活方式所留下的深刻烙印。特别是中国的传统节日，几乎均与二十四节气密切相关。①

（一）古埃及

古埃及节日体现了人们积累的丰富天文观测经验、高超的建造技艺。在节日时，人们会举行盛大庆典，祭拜特定神祇，以祈求丰收和神明保佑，生动展现出他们对生产生活的关注和信仰的表达。

1. 太阳节

法老拉美西斯二世（Ramesses Ⅱ，约前1304—前1237年在位）在位时期，命工匠根据已掌握的太阳运行规律，建造了古埃及规模最大的岩窟庙建筑——阿布辛贝石窟寺（Abu Simbel Temples），通过设计狭长庙廊等精妙的结构，阳光只有在拉美西斯二世的生日和登基日（每年的2月21日和10月21日）的早晨会直射神庙，使拉美西斯二世石以及两位古埃及神明的坐像沐浴光芒。②因此，这两天被称为"太阳垂直日"，又名"太阳节"。

前文提到，古埃及新年始于一年一度的尼罗河河水泛

---

① 中国政府网. 中国的传统节日[N/OL]. 2006-05-31[2024-11-10]. https: //www.gov.cn/test/2006-05/31/content_296733.htm.
② 1966年因兴建阿斯旺水坝，阿布辛贝神庙整体迁移至高出河床水位60余米的后山上，现在阳光照进的时间比原来提前了一天。

滥，充足的水分和肥沃的泥沙将保证农作物苗壮生长，因此人们认为这是神灵们回到地球的日子。而2月太阳节代表法老新年的第一天，10月太阳节标志着尼罗河河水上涨的结束。在丰富的水源滋养下，人们经过辛勤耕种，将静候收获的佳音。[1]甚至古埃及人为表达对母亲河的感激、敬畏之情，创造出了尼罗河感恩节（"尼罗河娶妇节"或"忠诚节"），人们在河水泛滥达到最高点时，将美丽的少女投河献祭。这一传统沿袭至今。当然人们早已用模型替代真人了。在此期间，人们将会尽情享用美食，举办各类庆典活动。可见，太阳节等诸多节日不单具有政治、宗教意味，更体现着古埃及人深厚的天文观测知识，彰显出尼罗河对于该国的重要意义。

2. 闻风节

闻风节是埃及最古老的传统节日之一，始于公元前3000年左右，传说是慈善神战胜凶恶神的日子。有研究认为，闻风节是在古埃及第三王朝后期成为正式节日的。在法老时期，闻风节是古埃及人庆祝春季来临的节日，故也被称为春节。人们根据节气变化，选择每年春季白天与黑夜时间正好各半的日子为闻风节，并认为该日是世界的诞

---

[1] 宋淑运. 埃及的传统节日[J]. 阿拉伯世界, 1996(02): 55-56.

生日。[1]闻风节的阿拉伯语名为"夏姆纳西姆"（Sham El Nessim），"夏姆"意为闻、嗅，"纳西姆"为微风、惠风的意思，故有时也被译为"惠风节"，该名称生动体现了这一时期春风荡漾、鲜花盛开的物候特征。

古埃及人以金字塔为坐标确定闻风节到来和开始庆典的精确时间。这一天黎明来临时，各种庆典活动就开始了。大金字塔的太阳神庆典仪式从下午6时开始，古埃及人在大金字塔前朝北仰望塔上空的夕阳，他们认为此刻太阳神正在塔上俯视大地与臣民。[2]经过约5000年的历史演变，人们在闻风节里祈祝人间太平祥和、春光永驻的习俗历久不衰。

许多人按传统习俗自带煮鸡蛋、葱、生菜及咸鱼等食品，在踏青处寻合适地点席地野餐。[3]古埃及人将鸡蛋视为生命的起源，认为是太阳神给予鸡蛋和地球生命，因此鸡蛋是节日餐桌上的神圣食品。葱可以治病驱邪，生菜和咸鱼可以健身强体，尤其能够增强生育能力[4]。

---

[1] 马兆锋. 法老归来 神秘的古埃及文明[M]. 北京：北京工业大学出版社，2014：249-250.
[2] 马兆锋. 法老归来 神秘的古埃及文明[M]. 北京：北京工业大学出版社，2014：249-250.
[3] 白云. 埃及的传统节日：闻风节[J]. 西亚非洲，1996（3）：60.
[4] 舒静庐. 节日礼仪[M]. 上海：上海三联书店，2015：230-231.

(二)古代中国

自古以来,节日制度便为历法系统的一部分,节日可追溯到上古时期的观象授时制度。而观象授时活动根据其所观察现象的不同,大致可分为物候历和天文历两个阶段。前者如"立春之日东风解冻,又五日蛰虫始振;又五日鱼上冰"①。后者如"冬至人主不出宫,寝兵,从乐五日,击黄钟之磬。公卿大夫列士之意得,则阴阳之晷如度数。夏至之日,如冬至之礼。冬至之日,树八尺之表,日中视其晷"②。冬至为一岁之始,为一年中黑夜最长之日,夏至则白昼最长,人们自这一天欢庆5日。这时,节气制度所代表的农时周期和节庆周期是统一的。而农历的发展则打破了原有的局面,因为庆典等活动被固定在通过月相所纪的年月日中,过年等节日也从由日相确定的冬至,转移至了阴历年终③,但民间部分地区仍保留着过"冬至夜"的传统,有"冬至大如年"之谚。总之,随着历法、民俗等的演变,节日在早期的自然属性之外,被赋予了更加丰富

---

① 孙诒让.周书斠补·卷三·时训解第五十二[M].雪克,点校.北京:中华书局,2010:242.
② 范晔.后汉书·志第一 律历上·候气[M].李贤,等,注.中华书局编辑部,点校.北京:中华书局,1965:3016.
③ 刘宗迪.从节气到节日:从历法史的角度看中国节日系统的形成和变迁[J].江西社会科学,2006(02):15–18.

的宗教、文化等内涵。

1. 清明

作为节日的清明在先秦时期就已出现,"清明之日,桐始华"[①],清明节的主要节俗在唐代时已经基本完备,并被定为改用新火之日。另一节日——寒食节的历史同样悠久,其在清明前一二日,兴起于北方,起源有改火和纪念介子推等不同说法,且形成了禁烟火、吃冷食等习俗,唐代人还开始郊外祭扫、踏青赏花。北宋时寒食节沿袭了唐代寒食禁烟、清明改火的节令风俗。随着南宋迁都,经济、文化中心南移,宗族文化、享乐之风盛行,清明逐步取代日期相近的寒食节,祭扫踏青代替禁火寒食,成为由上至下的风俗节日。[②]

寒食节同古埃及太阳节一样,均为纪念性节日。清明替代寒食节,从节气到节日的历程正体现了改朝换代间,社会文化风俗变迁对基于历法而形成的早期节日体系的拓展,甚至改写。

2. 春分

春分与闻风节一样,为昼夜平分之日。自古中国就有"朝日夕月",即春分祭日、秋分祭月的礼制,乃国之大

---

① 黄怀信,等. 逸周书汇校集注[M]. 上海:上海古籍出版社, 1995: 628.
② 朱志平. 从节气到节日:"清明"节日化的时间及其历史逻辑[J]. 南京农业大学学报(社会科学版), 2018, 18(05): 146-160.

典。明清两代皇帝还为此专门修筑了朝日坛（日坛）、夕月坛（月坛）。太阳神即大明之神，人们通过祭祀来表达对太阳神的敬畏，并寻求庇佑。春分时节，全国除了部分高寒地区，气温已稳定在0℃以上，进入了农耕期，正如农谚所言："春分麦起身，肥水要紧跟"，小麦等作物进入春季管理的关键期，人们须把握农时，补肥助壮、清沟沥水，做好病虫害防治等综合田间管理工作，确保作物增产丰收。

中、埃在这天的饮食亦有异曲同工之妙，埃及人在闻风节食葱、生菜、鸡蛋等，中国人在春分也有"咬春"（"吃春""啃春"）等习俗。《本草纲目》记载："五辛菜，乃元旦立春，以葱、蒜、韭、蓼、蒿、芥辛嫩之菜，杂和食之，取迎新之义，谓之五辛盘，杜甫诗所谓'春日春盘细生菜'是矣。"[1]葱、姜、蒜等时令食物，可增进食欲、助春阳，预防春季最常见的呼吸道感染[2]。"春分到，蛋儿俏"，春天万物复苏，同小鸡破壳出世一般，都充满了勃勃生机。为庆祝春天的到来，人们于春分立蛋（古代是立春），这项据称起源于4000多年前的习俗已成为世界性的游戏。

总之，古埃及时间制度与二十四节气有许多相似之

---

[1] 李时珍. 本草纲目[M]. 北京：人民卫生出版社，1975：1602.
[2] 宁琳净. 春分时节话"吃春"[J]. 家庭医药（快乐养生），2013（03）：40.

处，时至今日，二十四节气对当代农业和生产生活的指导仍然具有极高的参考价值。古埃及历法仍然存留在现代埃及社会，并对尼罗河沿岸人们的生活起着重要的指导作用。

第二节　二十四节气与古希腊时间制度

一、古希腊历法

古希腊并非仅指一个国家，而是对古代巴尔干半岛南部、爱琴海诸岛以及小亚细亚沿岸地区的总称。这一地区是西方文明的源头，孕育了文学、科技、艺术的众多开创性成就。在这片多元化的土地上，散布着超过一百个城邦国家，他们在政治上虽然四分五裂，但每个城邦都坚守自己的文化宗教特色，形成了一幅丰富多彩的文化画卷。而这些城邦之间的差异不仅体现在文化和政治上，更体现在他们的时间制度上。在那个历史时期，历法与宗教活动紧密相连，每个城邦都拥有自己的一套或多套历法，使得古希腊时期的历法呈现出多而杂乱的特点。这种多样性和复杂性不仅反映了古希腊社会的多元性，同时也为后来的欧洲历法体系奠定了基础。这种从简单到复杂、从一元到多元的演变过程，正是古希腊历史的魅力所在，它不仅为后来的欧洲文明提供了源泉，更为我们提供了一个了解和探索多元文化和历史的宝贵视角。①

古希腊历法可溯源至迈锡尼时代,在克诺索斯(约前1370年)、派罗斯(约前1200年)的王室文书中,分别有8个和6个月份名称。名称常与希腊语中表示"月"的单词"men"的迈锡尼写法"me-no"相连。因此,当时的历法很可能是与月亮相关的阴历。至黑暗时代,《伊利亚特》《奥德赛》中已出现"年""月""日"等词汇,并记载了以月亮圆缺等计算时间②的方法。

谈及古希腊,离不开雅典这座历史悠久的城邦。其作为古希腊璀璨文明的重要代表,不仅在政治与经济上独领风骚,更在历法上留下了深远的影响。雅典的历法历经千锤百炼,逐渐发展成为一种严谨且被广泛接受的时间计算方式。其中,雅典历法中的十二月名更多为希腊各州所采用,成了贸易与科学的标准。这一事实进一步突显了雅典历法在古希腊社会中的独特地位与重要性。因此,选择雅典历法作为切入点,深入探索古希腊时间制度的奥秘与内涵,通过与二十四节气的比较,更好地理解古希腊文明的发展脉络及其在世界历史中的独特地位。③

古希腊历史如同一幅绚丽多彩的画卷,展现着不同文

---

① 史湘洁.古典时代雅典历法初探[D].长春:东北师范大学,2012.
② 史湘洁.古典时代雅典历法初探[D].长春:东北师范大学,2012.
③ 郝际陶,陈锡文.略论古代希腊农业经济与历法[J].世界历史,2007(01):106–112.

化时期的独特魅力。从早期的爱琴文化时代到荷马时代，再到辉煌的古典时代和希腊化时代，每个时期都有其独特的主导文化和时代特征。其中，古典时代无疑是古希腊最为繁荣昌盛的时期，也是雅典发展的巅峰时期，其历法在这个时期得到了充分发展。古典时代的雅典历法，可谓丰富多彩、独具特色。当时，雅典官方和民间通行三种主要历法：节庆历、议事会历和农事历。这三种历法不仅反映了当时雅典在政治、经济、宗教和农业等方面的利益需求，也体现了他们与自然界的密切互动，更展示了古希腊人对时间的精准把握和灵活运用，凸显出他们在文化和社会生活中的高度自治和多元化。[①]

（一）节庆历（festival calendar）

雅典的节庆历（节日历、执政官历），可追溯至古风时代（前8世纪—前6世纪）的梭伦改革。据拉尔特的第欧根尼记载，著名政治家梭伦（Solon，约前638—约前559年）要求雅典人采用阴历，还可能建立了30日月份（大月）与29日月份（小月）相交替的月份体系，每月平均为$29\frac{1}{2}$日。并且，他首次将每月的第三十日称为新旧之交日。

节庆历沿袭了古风时代梭伦改革的成果，经由岁月

---

① GRIFFITHS E. Greek and Roman Calendars: Constructions of Time in the Classical World[J]. The Journal of Hellenic Studies, 2006, 126.

的洗礼与传承，逐步演变为希腊世界广泛采用的历法。公元前410年左右，据公共命令指示，某位尼科马库斯（Nikomachos）奉命编撰并公开了有效的祭祀历法，这部历法即节庆历，后来镌刻于广场的国王柱廊，为雅典最长的铭文。如今虽仅有少量断片留存，但其重要地位与价值不减。

在古希腊的古典时代，历法的架构和基本原则仍然承袭了古风时代的传统。其中，最为显著的一点是岁首，也就是新年的起始。与全球众多文化类似，新年成为希腊各城邦最为盛大的庆典之一。这种庆典活动需要在春季或丰收之后的农闲时节进行。雅典的人们选择了后者，即夏至之后的某个新月日作为新年的开始。与此同时，雅典的纪年方式也清晰明了，每年都以当年的执政官（archon eponymos）来命名。而在月份上，该历法将一年划分为12个月，每个月都从新月日开始，以月相变化为基础，故属于太阴历。然其月份名称一定与神或节庆有关，且大多数与节庆有关，因而称之为节庆历更能突显其特点[①]，这也代表了古希腊历法的基本面貌。但各城邦在月份名称、置闰体系等方面不统一（见表1）。

---

① 史湘洁. 古典时代雅典历法初探[D]. 长春：东北师范大学, 2012.

表1　雅典节庆历的月份

名称	月份	现代对应月份	寓意	节庆活动
Hekatombaion	正月	7–8月	"百牛"大祭之月	祀阿波罗与宙斯
Metageitnion	二月	8–9月	"变更邻人"之月	异邦人之庆典
Boedromion	三月	9–10月	"闻声驰援"之月	纪念忒修斯战胜亚马逊人之节
Pyanopsion	四月	10–11月	"吃豆节"之月	以豆祀阿波罗
Maimakterion	五月	11–12月	天帝"暴怒"	祀宙斯
Poseideon	六月	12–1月	"海神"之月	祀海神波塞冬
Gamelion	七月	1–2月	"结婚"之月	举行婚礼的吉月
Anthesterion	八月	2–3月	"百花节"之月	祀酒神狄奥尼索斯
Elaphebolion	九月	3–4月	"射鹿节"之月	祀狩猎女神阿尔忒弥斯
Mounichion	十月	4–5月	"穆尼基亚节"之月	祀阿尔忒弥斯
Thargelion	十一月	5–6月	"初熟之果"之月	庆祝阿波罗和阿尔忒弥斯的生日
Skirophorion	十二月	6–7月	"斯基拉节"之月	祀得墨忒耳和科瑞（迎新年）

（二）议事会历（political calendar）

公元前508—前507年，雅典经历了克里斯提尼（Cleisthenes）改革，将民主政治的进程推进了一大步。这场改革不仅打破了雅典原有的4个部落划分，将土地按照地域重新规划为10个部落，每个部落都以一位雅典英雄的名字命名，还沿着梭伦改革之路，对其政治制度进行了深入调整。其中，最为显著的一点就是将原先的400人议事会扩大到500人，并赋予了这一机构在市政中举足轻重的地位。议事会成员由各部落抽签选举产生，每部落各有50名代表，即主席团成员。主席团职位则由各部落轮流担任，其顺序也是通过抽签决定。在雅典的民主政体中，历法与制度可谓紧密相连。克里斯提尼改革不仅推动了雅典民主制度的确立，而且催生了第二种历法——议事会历，亦被称为"主席团历""议会历"。

梭伦在划分大小月后，年历按照阴历计算，一年不加闰月时为354天，加闰月年份是384天。节庆历的新年一般接近于夏至后第一轮新月出现的时间，阴历的12个月与阳历之差在每8年会形成一个周期，故在8年中每逢1、3、6年插入一个闰月。而克里斯提尼将议事会历的一年，即主席团年定为360天。每5年为一个周期，每周期间插入一个闰月（30天），但并非在每个周期固定的同一年份添加。并且，在节庆历与议事会历都同时有闰月的年份增加一个工作月。由此，克里斯提尼将5年周期与8年周期有机协调，缩小了议事会历的元旦与节庆历新年之间的差距。

亚里士多德在其《雅典政制》一书中对议事会历进行了详尽记载，提到在议事会历中，一年被划分为十个部分，每个部分对应一个部落的任期，这段时间被称为主席团月或城邦月，前四个部落分别任职36日，后六个部落则为35日，从而使主席团的任期呈现出一种独特模式。不同于节庆历中的月份名称多源于节庆或神话，议事会历的十个主席团月没有固定名称，是以轮职部落的名称命名，并以每年第一个主席团司书官员之名来命名当年。因而与节庆历相比，议事会历更多的是人为划定的产物。这种纪年月的方式也反映了雅典独特的政治体制和议事会在当时重要的政治地位。

议事会历出于官方目的设立，主要用于确立城邦议事会的举行时间、维护城邦正常运行和管理，有效解决各种问题和制定政策，是城邦政治生活中必不可少的工具，体现了城邦政府的组织和管理能力。尽管其在结构上看起来相对清晰，但实际操作中仍存在许多不规则和弹性空间。例如，第一个主席团年始于节庆历的开端——赫卡托姆拜昂月（Hekatombaion）的第一天，但要过40年后主席团年才又会以这一天作为开端。[1]在确定议事会时还要注意避开宗教节庆活动，亚里士多德的记载也更可能是一种理想的模式。

总之，克里斯提尼改革不仅推动了雅典民主制度的发展，也催生了议事会历这一独特的历法。议事会历体现了政治生活与日常生活之间的紧密联系，更为我们揭橥了此

---

[1] 伯里. 希腊史 1[M]. 陈思伟, 译; 晏绍祥, 审校. 长春: 吉林出版集团有限责任公司, 2016: 251–253.

次改革具备的革新性和保守性。①

（三）农事历（seasonal calendar）

在古代雅典，除了常见的阳历和阴历，还存在一种被称为农事历的历法。②农事历作为一种在民间流行的历法，与农业密切相关，但它所涵盖的领域还包括商业、航海以及普通人的日常生活等方面。这种历法可以追溯至黑暗时代，《荷马史诗》中对某些星座的记录就是农事历的雏形。在大约成书于公元前8世纪的《田功农时》中，赫西俄德详细记载了关于农时的教诲，引导人们在合适的时间进行收割、耕种、修剪葡萄藤等农事活动③，以获得最佳效果。例如，当天空中出现普勒阿得斯-阿特拉斯的七个女儿时，要开始收割；她们快要消失时，要开始耕种；她们休息的时间是40个日夜，当太阳的灼热减弱时，宙斯神会送来秋雨，此时天狼星会经过人类头顶的天空，正是伐木材的好季节。太阳回归后，宙斯结束了寒冷的60天，黄昏时分牧牛座第一次醒目地从神圣大洋河上升起，燕子在此时飞进人类的视野，这预示着春季降临人间，最好在此之前

---

① 孙仁朋. 克里斯提尼改革新探[J]. 历史教学（下半月刊），2023（08）：53-63.
② GRIFFITHS E. Greek and Roman Calendars: Constructions of Time in the Classical World [J]. The Journal of Hellenic Studies, 2006, 126.
③ 赫西俄德. 工作与时日神谱[M]. 张竹明，蒋平，译. 北京：商务印书馆，1991.

修剪葡萄藤。①

农事历在雅典古典时代得到延续，一年被划分为二至日和二分日，并通过固定行星的升落以及自然现象的出现来标志冬去春来、寒暑交替的周期。这种历法的基本特点是以太阳运行为基准，为人们的生产生活提供重要指引。罗伯特·汉纳认为，在古典时代，世界其他地方多被阴历或阴阳合历统治，但雅典发展出了农事历，这在历法发展史上具有重要意义。农事历的出现不仅丰富了人们对时间的认知，更为农业、商业和航海等领域提供了准确的时间参考，对社会生产生活起到了积极的推动作用。②

总的来说，农事历作为古代雅典一种独特的历法，不仅是关于农事的记录，更是对人类生活各个方面的指导。它以太阳作为基准，通过观察行星运行和自然现象变化，为人们提供了一种与自然和谐相处的时间观念，体现了古代雅典人对时间和生活的精细观察和认识。

二、二十四节气与古希腊历法的共同点

古典时代雅典历法体系包含三种历法，分别应用于不同的社会领域。本书将关注与社会和民众生活密切相关的

---

① 付晓倩.《田功农时》中的农业教育思想探析[J]. 农业考古, 2015（06）: 142-145.
② 史湘洁. 古典时代雅典历法初探[D]. 长春: 东北师范大学, 2012.

方面，比较分析二十四节气和古希腊历法之间的异同，不仅进一步明晰二十四节气的价值作用，而且能够深入剖析古代雅典人民生活的节奏和规律，以期揭示古希腊历法在不同社会环境下的应用和影响，为我们对古代雅典社会制度和文化习俗的认识提供更为全面和深入的视角。

（一）政治活动

二十四节气源于中华农耕文明，在中华民族传统文化中扮演着重要角色，不仅是指导农事生产的重要参考，也是历代官方确定时间的依据，对官方纪年法有重要影响。在古代，观测天象、占卜吉凶是封建统治者必备的工具，而二十四节气与天干地支、八卦等紧密相连，构成了一个完整系统。因此，二十四节气不仅在农事生产中起到指导作用，同时也影响着古代政治生活。这种文化传统代代相传，蕴含着深厚的历史积淀，体现了中华民族丰富的文化内涵。

大多数历法不可避免地受到政治因素的影响，雅典的节庆历也不例外。通过观察节庆历月份名称，可以发现至少有两个月份与雅典的建城者忒修斯有关，还有一些月份是为纪念战争胜利。这表明，雅典历法在形成过程中直接受到官方的引导和影响。虽然这可能左右了历法的一些功能，但其目标还是非常明确的：首先是为公共宗教活动提供服务。在雅典，该历法规定了特定日期举行节庆和祭祀活动，同时也影响了政治活动的安排。根据传统，雅典要求政治会议不得与重要节庆同时举行，这进一步突显了历法在雅典社会中的重要性。即使雅典历法是为官方目的建立的，但事实上它并不只是一个官方历法。它不仅规范宗教活动，还影响了城邦政治生活，成为雅典社会不可或缺的一部分。因此，尽管雅典节庆历的制定受到诸多因素影响，但其在希腊社会中的地位和作用是不可替代的。历法不仅是时间的记录工具，更是宗教和政治活动的规范者，体现了雅典社会的价值观和传统。通过进一步研究和探讨，我们可以更深入地理解雅典历法在古代希腊社会中的作用和意义。[1]

（二）民俗、节庆活动

二十四节气将天文、农事、物候和民俗巧妙结合在一起，成为中华优秀传统文化的重要组成部分。以立春和冬至为例，古代农业社会非常重视这两个节气。在立春期间，人们进行各种民俗活动，例如拜神祭祖、驱邪消灾、祈年纳福、迎新春等。这些活动不仅构成了后世岁首节庆的框架，也具有重要民俗功能。冬至作为太阳回返的始点，象征着太阳的新生和往返运动进入新的循环，其重要

---

[1] 王晓朝. 希腊宗教概论[M]. 上海：上海人民出版社，1997.

程度不亚于立春。古时民间甚至有"冬至大如年"的说法，冬至祭祖、宴饮、吃饺子等习俗也一直延续至今。在拥有漫长历史的农耕社会中，二十四节气扮演着重要角色，蕴含着丰富的文化内涵。一些节气如立春、清明既是自然节气也是重要的民间节日，而其他节气也衍生出许多与之相关的民俗文化。这些传统活动不仅丰富了人们的生活，也传承了中华民族悠久的历史和文化。因此，二十四节气作为中国传统文化的瑰宝，其重要性与价值不可忽视。

雅典节庆历展示了古代希腊历法在节庆活动中的基本特征。在这个历法中，每个月份的名称都与神或节庆有关，体现了人们对神灵的敬畏与信仰。例如，月份的名称源自神名或与神有关的别名，如宙斯、阿波罗、波塞冬、阿尔忒弥斯、狄奥尼索斯等。每个月都有相应的神明祭祀活动，如五月Maimakterion，源自狂暴者宙斯这一别名，月中举行的波姆派亚节就是给宙斯献祭的重要活动。再如十一月Thargelion，该月重要的节日是庆祝阿波罗和阿尔忒弥斯的生日，人们将土地的第一批果实奉献给神明，以示感恩和祈祷丰收。人们通过这些节庆活动，不仅抒发着对神灵的尊崇与信仰，也祈愿神灵的保佑，表达对丰收和幸福生活的期盼。这种传统节庆文化，也在一定程度上影响了后世的文化传承，展现了古希腊人对神灵的信仰和对生活的热爱。

（三）生产生活

二十四节气既是农业生产的时间指南，也是人们日常生活中的气候预测工具。在农业方面，每一个节气都标志着农事活动的关键节点，不仅指引着农民在农事活动中把握时机，同时也影响着每个人的生活起居。比如芒种是最适合播种谷类作物的时候，霜降提醒农民要注意防霜。二十四节气还是阴阳转化的重要节点，与传统中医学相辅相成，指导人们在四季饮食上的调节。古人认为天地万物和人体息息相关，因此根据节气变化来调理饮食非常重要。立春时要补肝、立夏时要补水、立秋时要滋阴、立冬时要补阴，每个节气都有相应的饮食习惯。这些养生习俗沉淀了丰富的养生智慧，为人们的健康保驾护航。总之，二十四节气既是农业生产的重要时间系统，也是中医养生的基础。它们准确反映了季节变化规律，以时间节点为指引，为农事活动和饮食调理提供了重要依据。

雅典古典时代的历法中，农事历作为一种简单明确的历法，具有相当的原始性，其在官方上并不占主导地位，而是与普通民众的生活息息相关。农事历在某种程度上是宗教节庆历和政治议事会历的一种补充，对古典时代的雅典社会具有不可忽视的影响。农事历以二至日和二分日来区分一年的时间，通过固定行星升落和自然现象的出现来标志冬春交替、寒暑更替，以指导农事和航海等各种活动。例如，修昔底德的《伯罗奔尼撒战争史》①中描述了人们约在大角星升起时，修筑城墙告竣的情景，以及在冬至时派遣舰队的记录，展示了农事历的运用。除了指导部分农事活动，农事历还对医学领域的发展产生影响，古代文献中就提到了人们在医学上如何利用农事历来预测疾病的发展变化，这种知识对于人们的健康和生活至关重要。古代的医学知识和农事历相结合，为人们生活中的健康提供了指导，不仅反映了人们对生活的关注，也体现了人类社会生活中的重要领域。

综上所述，尽管在古代社会中议事会历更为重要，但在普通民众的生活中，节庆历和农事历同样具有深远影响。它们已成为民众生活的一部分，为人们的农事生产、航海旅行、医疗健康等方面提供了指导和帮助。②雅典古典时代的农事历，作为民众生活中不可或缺的一部分，展现了人们对时间的认知和运用，在古代社会中扮演着重要角色。

---

① 修昔底德. 伯罗奔尼撒战争史[M]. 谢德风, 译. 北京: 商务印书馆, 2018.
② GRIFFITHS E. Greek and Roman Calendars: Constructions of Time in the Classical World [J]. The Journal of Hellenic Studies, 2006, 126.

三、古希腊历法与二十四节气的区别

（一）宗教性

无论是二十四节气抑或雅典节庆历，都具备作为节庆、祭祀活动时间依据的作用。由于宗教信仰等历史原因，古希腊历法中蕴含着浓厚的宗教意味，每个月的祭祀活动都体现了人们对神明的崇敬和信仰。例如，六月命名为"海神"之月是为纪念古希腊神话中的海神波塞冬，同时每月第八日也被视为波塞冬的圣日。或许是因为爱琴海冬季风暴频繁，希腊人在海上活动困难，所以选择用波塞冬命名六月，以祈求海神的保佑和平安。相比于依据天体运行、地理气候、物候变化规律所制定的二十四节气体系，古希腊的雅典节庆历更多是为神权服务。这一历法并没有过多指导人们日常的生产生活，尤其是农事活动。它更多地体现了古希腊人对神灵的虔诚和尊重。因此，古希腊历法不仅是一种时间依据，更是一种文化传承和宗教信仰的体现。现代社会虽然已经不再像古希腊那样深信神明，但我们仍然可以从这些传统的历法中看到古人对自然和神灵的敬畏，以及对生活生产的尊重与热爱，这种精神是值得借鉴和传承的宝贵财富。

（二）历史性

古希腊建立城邦制，各城市在政治上互不统属，又因宗教信仰差异，每个城邦都有自己一套甚至多套历法。以古典时代雅典历法为例，其体系较为混乱，三种历法间的混用问题给历史研究带来了不小困扰。特别是节庆历的不稳定性，严重影响了历法的准确性。因历法掌握在执政官而非专业天文学家手中，加之人为因素干涉，导致历法的使用随意，引发了当时人们的不满情绪。这种混用不仅给当时的社会生活带来了不便，也给史学家的时间记录带来了极大困扰，容易导致时间错乱。

相比之下，二十四节气作为农历的重要组成部分，经过数千年的发展和完善，至今仍在广泛应用。二十四节气早在春秋战国时已初成，到秦汉年间更是确立了完整体系。虽然朝代更迭，但二十四节气及其农历制度在史学家的史书纪事中扮演着重要角色，成为历史事件的重要节点和依据。王晴佳在其著作《西方的历史观念：从古希腊到现代》[1]中指出，古希腊史诗和史书缺乏对时间的关注，其中一部分原因即来自历法的混用。例如，在《伊利亚特》中，对战争的记录主要集中在英雄和神祇之间的纠葛，而

---

[1] 王晴佳. 西方的历史观念：从古希腊到现在[M]. 上海：华东师范大学出版社，2002.

对时间记录则显得模糊不清。这种现象反映了当时历法的混乱，同时也凸显了古希腊社会对于时间概念的淡化。因此，历法的准确性和稳定性对于一个社会的发展和文明秩序具有重要意义。二十四节气作为古代历法的重要组成部分，在历史研究和农事活动中发挥着不可替代的作用。

（三）延续性

历法是历史学中不可或缺的基础，因为离开年月日的标刻，历史就失去了它的本质。每个古老文明都拥有独特的历法体系，这些历法体系的成就可被视为该文明最高的科学成就之一。历法不仅是古代科学成果的体现，也与日常生活息息相关。历法的延续性是测试时间制度科学性和系统性的重要标准。古希腊历法的多历并行现象，以及执政官在历法问题上的"胡作非为"，导致历法系统的连续性和规则性常受扰乱。因此，准确掌握古希腊历法对于史学家和普通民众来说都是一项挑战。另外，古希腊历法由于宗教性质较强，传承延续过程中易受失误和偏颇影响，这也是研究古希腊历法文献资料零散的原因之一。

相比之下，中国的历法则经过多次修改后延续至今，如农历和二十四节气，已融入许多中国人的日常生活。这些历法体系不仅具有科学性和系统性，而且在传承过程中相对完整和稳定。历法不仅是时间的计量工具，也是历史的重要组成部分，更是文明传承延续的重要载体，在人们生活中扮演着不可或缺的角色。历法的延续性不仅考验着历史的科学性，更体现了人类对时间和生活规律的探索和坚守。

　　古希腊历法和二十四节气虽然起源和划分依据有所不同，但在实际应用中却有着一定的共通之处。它们都对官方政治活动、民众祭祀、民俗活动以及生产生活等方面具有指导意义，成为民众日常生活中重要的时间记事依据。二十四节气是中国古代先民根据太阳运动周期划分出来的，是中国古代农历的重要组成部分。而古希腊历法则是以月相变化为基础，将一年分为12个月，每月始于新月日，是一种单一的时间划分方式。尽管两者在由来、划分依据以及后世的沿用和发展上存在差异，但它们都承载着人们对时间的认知和利用。无论是古希腊历法还是二十四节气，都反映了人类对时间的重视和利用，为社会生活和农业生产提供了重要参考依据。这两种时间制度的存在，不仅丰富了人们的生活，也体现了不同文明对时间和自然的理解和感悟。

第三节　二十四节气与古罗马时间制度

古罗马，是指从公元前9世纪初在意大利半岛中部兴起的文明，古罗马先后经历王政时代（前753年—前509年）、共和时代（前509年—前27年）、帝国时代（前27年—476年/1453年）三个阶段。尽管西罗马帝国在476年的灭亡，意味着古代欧洲的终结和欧洲中世纪的开端，宗教文化成为社会主体，天主教会的强权统治使得古典文明的文化遗产被尘封在历史的余烬中。但东罗马帝国（拜占庭帝国）仍然存在，并且延续了古罗马文明，直到1453年才灭亡。故在名义上，古罗马文明并未完全消亡。因而对古罗马时间制度的论述截至1453年。

一、古罗马时间制度的发展

古罗马的建立归功于传说中的领导者罗慕路斯（Romulus），约建于公元前753年。早期，罗马人采用希腊人的日历，从公元前738年开始实施。该日历系统将一年划分为304天，分为10个月，其中包括6个30天和4个31天的月份。新的一年从三月份开始，该月被称为Martius，随后是Aprilis、Maius、Junius、Quintilis、Sextilis、September、October、November和December,其中最后六个名称来源于拉丁语中的数字5到10(表2)。然而,这个日历与实际太阳年约365天相比,少了61天。罗马人没有为这些额外的日子命名,也没有将它们纳入固定的月份,使得这些日子成为年度之间无规律可循的冬季空隙。①

表2 古罗马历

月序	月名	日数	月序	月名	日数
第一月	Martius	31	第六月	Sextilis	30
第二月	Aprilis	30	第七月	September	30
第三月	Maius	31	第八月	October	31
第四月	Junius	30	第九月	November	30
第五月	Quintilis	31	第十月	December	30

随后,为了弥补日历中缺失的天数,罗马的第二位统治者努玛·庞皮里乌斯(Numa Pompilus)在公元前713年进行了历法改革,引入了一个包含12个月的新系统。在这个系统中,1月、3月、5月和8月每月有31天,2月、4月、6月、7月、9月、10月和11月每月29天,而12月则有28天,使得全年共有355天,比太阳年短10天。最初,罗马历法为304天,为了与希腊历法保持一致,增加了50天,使得全年共354天。然而,罗马人相信单数是吉利的,而双数则代表

---

① 李雅书. 古罗马的历法和年代学[J]. 北京师范大学学报, 1986(02): 40-50.

不幸，因此他们在历法中增加了51天而不是50天。这51天不足以构成两个完整的月份，于是他们从原本历法中六个30天的月份，即第二月、第四月、第六月、第七月、第九月和第十月中各减去1天，共减去6天，加上原来的51天，总共57天，分配给新增的两个月份，即第十一月29天，第十二月28天。这种修订后的历法被称为努马历。努马历的格式如表3所示。直到公元前452年，罗马人将February移至January和March之间。尽管增加了两个月使得全年变为355天或354天，但仍然与太阳年不匹配。为了与太阳年保持一致，努玛·庞皮里乌斯每隔一年会在February之后插入一个特别的月份Intercalaris或Mercedinus，这个月份通常有22天或23天。

表3　努马历

月序	月名	日数	月序	月名	日数
第一月	Martius	31	第七月	September	29
第二月	Aprilis	29	第八月	October	31
第三月	Maius	31	第九月	November	29
第四月	Junius	29	第十月	December	29
第五月	Quintilis	31	第十一月	Januarius	29
第六月	Sextilis	29	第十二月	Februarius	28

努马历与回归年的长度相差11天多。为了调整这个差额，公元前509年，罗马政府规定每4年中增设两个闰月，

这样罗马历实际上已从原来的太阴历演变成阴阳历了。上述置闰的办法一直沿用至公元前191年左右，仍能使历法和天时较好契合。可是，由于编历和置闰的权力操纵在当时僧侣和政客手中，出于政治需要，有时竟随意增减闰月，致使罗马历极为混乱，甚至寒暑颠倒，四季不分。所以有人曾说：罗马人常打胜仗，但他们自己却不知道胜仗是在哪一天打的。①

到儒略·凯撒时代（前100-前44年），历法春分点与天文春分点相差达三个月之多，以致冬季月份提前到秋季出现。凯撒遂邀请亚历山大的数学家兼天文学家索西琴尼（Sosigenes）厘定改历，废阴阳合历和闰月，采用纯太阳历。它采用埃及通用的岁实365.25日为1年，年分12个月，月名照旧；以Januarius月为岁首第1月，每月含30日或31日，独Februarius月为29日，而每四年在这月加1天，变为30日。这样则平年365日，闰年366日，每400年闰100日。此历法称"儒略历"，于公元前45年1月1日颁行。但儒略历岁实是365.25日，比实际回归年多11分14秒，积128年，就多1日。②

由于恺撒的生日在7月，他要求这个月成为大月，以彰

---

① 唐凌. 历史年代学[M]. 桂林：广西师范大学出版社，1992：14-15.
② 陈遵妫. 中国天文学史：第3册[M]. 上海：上海人民出版社，1980：1583-1584.

显其权威。因此，天文学家将单月定为大月。六个大月和六个小月导致平年多出一天，这一天从被认为不吉利的2月扣除。在恺撒去世后，他的外甥孙屋大维继位，他的生日在8月，也要求这个月成为大月。因此，从8月开始，双月也被定为大月，使得一年中有七个大月。这又导致多出一天，再次从2月份扣除，使其成为28天。在闰年，2月份会额外增加一天，变为29天。随后，又将9月和11月改为小月，而将10月和12月改为大月（表4）。

表4 儒略历

月序	月名	日数	月序	月名	日数
第一月	Januarius	31	第七月	Julius	31
第二月	Februarius	28/29	第八月	Augustus	31
第三月	Martius	31	第九月	September	30
第四月	Aprilis	30	第十月	October	31
第五月	Maius	31	第十一月	November	30
第六月	Junius	30	第十二月	December	31

儒略历作为阳历的一种，因其与地球节气变化的吻合度较高，对农业生产活动大有裨益，而广受欢迎。在公元325年，它被基督教罗马教皇定为教会官方历法。然而，儒略历并非完全精确，由于每年设定为365天，比实际回归年多出约0.0078天，这一微小差异随时间累积变得显著。

到1580年时，儒略历比太阳年又差10日，1582年3月罗马教皇格列高利十三世修订儒略历闰法，创立格列高利历①，即公历，因超出古罗马的时间范围，公历内容将于本书第三章中论述，此处略。

二、古罗马时间制度与天文的渊源

古罗马历法与天文学之间存在紧密的渊源并相互影响。罗马人在天文学方面作出了重要贡献，他们借鉴了古希腊、埃及和巴比伦等文明的天文知识，并将其融合到他们日常生活和宗教仪式中。譬如，罗马人提出了天文理论——地心说（Geocentric Model）。古罗马时期著名天文学家托勒密的著作《天文学大成》（Almagest），详细描述了太阳系的运动，提出了地心说模型，即地球处于宇宙中心，而太阳、行星和恒星等天体则围绕地球旋转，这一学说在欧洲广为流传，直到哥白尼的日心说问世。罗马人在星座领域也作出了重要贡献，他们发展了自己的星座系统，其中既有借鉴自希腊的星座，也有如猎战士座和水蛇座等独特创造。在观测日月食方面，罗马人进行了详细记录和探究，为后世天文学家提供了重要研究资料。②此外，罗马人还建立了一个广泛的天文观测网络，用于追踪和记

---

① 陈遵妫. 中国天文学史: 第3册[M]. 上海: 上海人民出版社, 1980: 1584.
② 窦忠. 一种适用于古天文研究的月亮历表[J]. 陕西天文台台刊, 1996 (00): 108-116.

录天体的位置和运动，这些观测数据对于改进日历系统，确保其与季节同步发挥了关键作用。

罗马人在古希腊天文学的基础上，融入了自己的文化和传统，形成了独特的天文学特点，为天文学发展做出了显著贡献。罗马天文学家通过天文观测制定日历，创建了一个详尽的星座系统。他们还建立了一个庞大的天文观测网络，用于研究天体运动，并提出了多种天文理论。这些成就不仅对欧洲天文学发展产生了重要影响，也对人类文化和科学进步发挥了深远作用。在历法制定过程中，古罗马人还吸收了其他文明的天文知识。例如，他们采纳了希腊天文学家克勒克斯提出的将黄道分为十二星座，与现代黄道十二宫概念相似的天文系统。这一系统后来被广泛应用于希腊和罗马天文学中，对欧洲天文学发展产生了重大影响。

儒略历的创建离不开天文学专业知识和精确观测。凯撒大帝为精确测定太阳年的长度，委任天文学家萨库罗斯进行了深入观测和复杂计算。萨库罗斯借鉴了希腊天文学家希波克拉底斯的早期观测数据，并融入自己的观测成果，最终得出了太阳年的准确时长。这些研究成果奠定了儒略历中闰年规则的基础，即每四年间增加一天，以匹配太阳年的实际周期。儒略历的推行对天文学领域产生了显著的推动效应，促进了天文观测技术的进步，确保了日历的精确度。儒略历对天文现象的持续记录和分析对于维持和优化历法系统至关重要，为后续的格列高利历等提供了根本框架和核心原则。因此，儒略历不仅凝结了此前的天文学精华，而且对后世天文学的发展产生了重要影响。

三、古罗马时间制度对生产生活的影响

古罗马的时间制度经历了多次变革，从最开始的古罗马历到努马历，一直到儒略历。儒略历的实施对罗马及后来的欧洲乃至世界范围内的历史进程产生了深远的影响，成为现代公历的前身。儒略历的创立无疑是罗马时代一个里程碑式的科学成就，它对人们的生产生活产生深刻的影响。

（一）指导农业活动

常见历法有日、月、年三个基本概念。月大致对应月相变化周期，年大致对应四季交替周期。所以一个月大约是30天（一个朔望月约为29.5天），一年大约12个月。儒略历作为简单的阳历，确定了一年平均长度是365又1/4天。但是12个月的设置比较随意，和月相变化毫无关联，仅借用"大约30天"的概念。简便带来的优势是，罗马时代的历法在没有天文学家维护的情况下运行到文艺复兴时期，1000多年只差了10天。因此儒略历作为纯阳历，在历法体

系中非常适合农业生产。如播种等一些农业操作的预定时间，可以简单地指定在某月某日，而不用另搞一套独立于日历本身之外的节气系统来指导农事。其推动农事生产主要体现在以下四个方面。第一，引入闰年制度。儒略历规定每4年增加一天，即闰年，以弥补太阳年与儒略年的微小差异。这一制度使得儒略历能够更准确地反映季节变化，从而为农业生产提供更为精确的时间参考。第二，固定春分日。儒略历将春分日固定在每年的3月21日，这对指导农作物的播种和收割时间至关重要。春分是许多农作物种植的关键时期，通过固定春分日，农民可以更准确地安排种植和收获时间。第三，减少误差。尽管儒略历在长期使用中仍存在一定的误差（每年多出约11分钟），但其引入的闰年制度和固定春分日等措施，使得农业生产的时间管理更为合理和有效。第四，简化历法。儒略历简化了历法，取消了古罗马时期复杂的月份调整方式，使得历法更加易于理解和使用，从而便于农民根据历法安排农事活动。

（二）促进商业贸易活动

儒略历作为一种基于太阳年的历法，使得时间的计算更加精确和统一。这种精确的时间管理对商业活动至关重要，因为商业交易往往需要依赖准确的时间安排来保证交易的顺利进行。例如，农业生产、商品交换以及贸易活动都需要依赖准确的时间来安排生产和运输计划，从而提高效率和减少损失。儒略历采用太阳年作为基础，提高了时间的精度，解决了罗马帝国内部历法混乱导致的时间管理问题。这种时间管理的统一和精确，为商业活动提供了可靠的时间基准，使得商业交易和物流运输更加有序和高效。儒略历的普及加强了罗马与其他国家之间的联系，成为欧洲通用的历法。这种统一的纪年方法减小了不同地区之间在商业交易中的时间换算误差，提高了国际贸易的便利性。

（三）影响政治宗教文化活动

儒略历的制定和使用也影响了政治、宗教和文化。儒略历的引入和改进，特别是在教皇格列高利时期，标志着西方历法的重大改革，这一改革不仅提高了历法的精确度，也促进了欧洲社会的统一和稳定。儒略历的采用，使得时间的计算更加精确，有助于国家管理和行政效率的提升，从而影响了政治决策和政策的制定。[1]在古罗马，历法的制定并非纯粹的科学行为，而是深受宗教和政治的影响。例如，月份和节日的选择往往与宗教仪式和政治庆典密切相关，这反映了宗教和政治在古罗马社会中的重要地

---

[1] 刘文立.西历演变撷要[J].中山大学学报（社会科学版），1997（3）：78-83.

位。儒略历被基督教罗马教皇定为教历。通过对该历的细微调整，使复活节等宗教节日能够更准确地与季节同步。这种时间上的精确性对于宗教活动的安排和信徒的信仰生活产生了深远影响。儒略历历法的精确性促进了天文学和数学的发展，这些学科的进步又反过来推动了文艺复兴时期科学革命的兴起。此外，儒略历的普及也影响了文学、艺术和日常生活中的时间观念，如节日、庆典和日常生活的节奏等。[①]

四、古罗马时间制度与二十四节气比较

古罗马时间制度中以儒略历为代表的历法与二十四节气既有相同点又有所区别。

（一）都对农业生产生活产生影响

二十四节气是中国古代劳动人民根据太阳周年运动，对气候、物候、时令等方面的变化规律进行总结的智慧结晶，它不仅是中国传统历法体系和社会实践活动的重要组成部分，而且在农业生产中发挥了重要的指导作用。二十四节气的设立，基于对自然界的深刻理解和长期观察，反映了季节的变化与农业生产活动的变化紧密相关，

---

① 刘文立. 西历演变撷要[J]. 中山大学学报（社会科学版），1997（3）：78-83.

可以应用于指导农业生产实践和进行日常生活安排。根据二十四节气的变化，农民可以合理安排农作物的播种和收获时间。例如，华北地区冬小麦生产与二十四节气气候关系的研究表明，二十四节气对该地区冬小麦生产具有重要指导作用。分析二十四节气指导冬小麦科学生产的气候依据，有利于二十四节气在现代农业生产中持续发挥其作用和价值。二十四节气还指导着传统农业生产和人们的日常生活，如《齐民要术》中就充分体现了二十四节气文化对农业生产的指导。农民可以根据不同的节气，采取合理的农事措施，如灌溉、施肥、病虫害防治等，以确保农作物的健康生长和丰收。

儒略历主要是为了更准确地计算季节和天文事件，这对农业生产具有重要意义。在农业生产中，了解季节变化、确定播种和收获的最佳时间是至关重要的。儒略历通过提供一个相对稳定的日历系统，帮助农民预测和规划农事活动。例如，通过儒略历可以确定春分和秋分等重要节气，这些节气对决定种植和收获时间至关重要。在古代中国，二十四节气是基于天文观测制定的，与儒略历的引入和使用相辅相成，共同指导农业生产。

（二）体现了不同文化

以儒略历为代表的古罗马时间制度和二十四节气所蕴

含的文化不同，最明显的差异是，二十四节气是上古农耕文明的产物，蕴含了中华民族丰富的文化内涵和历史积淀，而古罗马历法历经多次改革，是多个文明交融下发展演变而成的。二十四节气是中国古代智慧的结晶，反映了古人对自然现象的细致观察和深刻理解。一方面，二十四节气中蕴含了丰富的文化内涵和哲学思想，它不仅是农事历法的一部分，还与许多民间传说和神话故事相关联。例如，节气名称中常常包含"大"和"小"的对比，如小暑、大暑、小寒、大寒等，这种命名方式反映了古人对季节变化的细致区分。春分和秋分这两个节气，不仅标志着季节的转换，还与佛教的"彼岸"仪式相结合，成为祭祀祖先的重要时刻。冬至被视为一年中最重要的节气之一，民间有"冬至大如年"的说法，这一天被认为是新一年的开始，它不仅是实际意义上冬季的开始，也象征着光明和温暖的到来，因此在许多地方都有吃汤圆等习俗，寓意团圆和幸福。这些体现了二十四节气在不同文化中的融合与演变。另一方面，二十四节气中还包含许多与民俗活动相关的传说和故事，这些故事往往与当地的风俗习惯和自然现象紧密相连，成为传承文化的重要载体。例如，清明节不仅是重要的农事活动时间点，也是人们祭祖扫墓的日子。这一习俗反映了人们对祖先的纪念以及对生命循环的敬畏。

  古罗马历法所演变形成的12个月的命名由来和所蕴含

的文化传说故事非常丰富。例如，罗马历法中的月份名称很多都与罗马神话中的神祇有关，如一月（Januarius）以双面神雅努斯命名，在罗马神话中，雅努斯拥有前后两张面孔，一张脸回顾过去，另一张脸展望未来，人们认为用他的名字来命名新年第一个月份非常有意义。二月（Februarius）则与净化仪式（Februa）有关，英语二月"February"即源自拉丁文"Februarius"。在罗马，每年二月初的菲勃卢姆节上，人们杀牲饮酒，用Februa鞭子祈求生育，忏悔罪过，寻求神的宽恕。三月（Martius）是为纪念古罗马时期战神玛尔斯，三月也是每年出征的季节，人们便以玛尔斯的拉丁名字作为三月命名。这些名称和故事均反映了古罗马社会的宗教信仰和文化传统。

总的来说，古罗马时间制度和二十四节气都是人类根据自然规律制定的时间计量系统，两者在古代历法中都占据重要地位，并且在现代历法中仍发挥着重要价值。

第四节　二十四节气与玛雅文明时间制度

玛雅文明的最大分布范围，基本上就是以中美洲的尤卡坦半岛为中心，横跨墨西哥、危地马拉、伯利兹和洪都拉斯等国的一部分相邻地区，总面积约为32.4万平方千米，大致相当于浙江、江苏和安徽三省之和，略小于日本和德国，近似于意大利，超过了今天的韩国和英国。研究解读玛雅历，对玛雅文化、历史和天文学等方面的研究都具有重要意义。

一、玛雅历法文化及源流

玛雅历法发源自墨西哥的奥梅克文化（Olmec Culture），该文化存在于公元前1200年至前600年，时间相当于中国商代晚期到东周初期。[1]有研究提出，玛雅历法是世界上最完美的历法[2]，完整的玛雅历法体系涵盖了"太阳历""神圣历""长纪年历"以及"金星历"。其中，太阳历主要服务于农事活动与各类节庆仪式；神圣历则被广泛应用于宗教仪式和活动；金星历专门用于测量遥远历史的时间尺

---

[1] 张廷. 浅谈古代玛雅历法[J]. 科学与文化, 2010(10): 55.
[2] 秦颂. 世界上下五千年[M]. 北京: 北京出版社, 2008: 149.

度；而长纪年法则在宗教和历史记录方面发挥着重要作用。玛雅文明的周边居住着托尔泰克人（Toltec）等，这些民族也受到玛雅历法的影响。而后期的阿兹特克人（13—16世纪）仅将这三种系统的周、月名称略加修改，便一直沿用至被西班牙人征服。

（一）太阳历（哈布历）

普遍为玛雅农民和民众所采用的太阳历，其年度周期总计365天，划分为18个月份。每个月份包含20天，这些天数分别以0至19的数字来标识。而该太阳历的18个月份则各自对应18种不同的自然物候现象。在年末还额外设有5天，这5天被称为"凶日"或"空日"。在太阳历中，最为引人注目的特点之一便是其具备类似于"甲子"的周期性循环观念。具体而言，该循环以52年为一个完整周期，例如，某一特定的"水莲花年"会在第52年再次出现。

（二）神圣历（卓尔金历）

在玛雅人的历法体系中，用于宗教仪式和祭祀的是神圣历，亦称卜卦历或卓尔金历。该历法一周为13天，一年计20周，总计260天。在这套体系中，每一天均由一个独特数字与符号组合标记，数字序列从1至13循环，符号序列则由20个不同符号构成。首日对应数字1与符号1，次日对应数字2与符号2，依次类推至第13天。随后，进入新的循环，数字重新开始计数，而符号则跳至第14个。经过260天的周期循环，数字1与符号1再度相遇，标志着神圣历第一年的结束。玛雅人对金星抱有极高的崇敬之情，而260天的周期与金星绕太阳公转的周期颇为接近，有学者亦将其与女性妊娠及分娩的时间相联系。神圣历的主要用途包括宗教节日的确定、新生儿的命名、命理推断以及未来预测。无论是太阳历还是神圣历，均不包含闰日、闰月或闰年。

（三）长纪年历（长纪年法）

长纪年历在宗教和历史领域得到应用，其时间计算基准为360天构成一年。该计算方法具体表现为：1金（Kin）相当于1天，1温那（Winal）相当于20天即1个月，1吞（Tun）相当于360天即1年，1卡吞（Katun）相当于20年，1巴克吞（Baktun）相当于400年（见表5）。以一组数字为例，对长纪年进行说明：9.14.12.2.17——这一数字序列代表的是9巴克吞、14卡吞、12吞、2温那以及17金，合计为3600年+280年+12年+40天+17天，总计3892年又57天。玛雅数字系统与对应图腾如图4所示。

表5　长纪年历玛雅图算法表

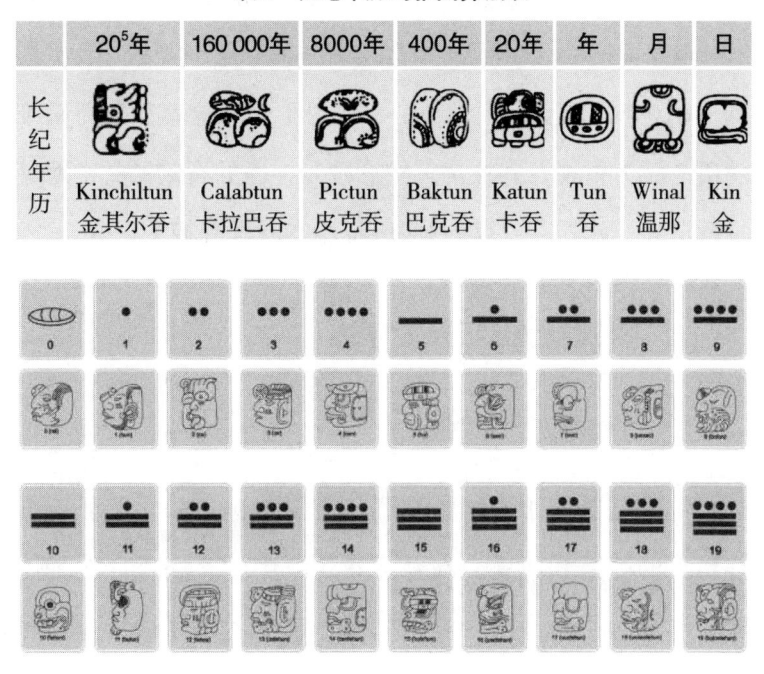

长纪年历	20⁵年	160 000年	8000年	400年	20年	年	月	日
	Kinchiltun 金其尔吞	Calabtun 卡拉巴吞	Pictun 皮克吞	Baktun 巴克吞	Katun 卡吞	Tun 吞	Winal 温那	Kin 金

图4　玛雅数字系统与对应图腾

（四）金星历

所谓"金星历"年，是指地球观测到金星绕太阳运转一周所需的时间，即再现周期。该周期为584天，是玛雅人通过对金星运行周期观察与计算得出的。他们发现，金星在8个地球年周期内恰好运行了5圈并重新开始循环。换言之，将8个地球年的总天数365乘以8，可得2920天，除以5，即可得出金星年的周期为584天，此即"金星历""年"的由来。金星周期与玛雅历法之间存在紧密联系。玛雅人通过精密计算，得出一个著名的金星公式：37 960天=146×260天（卓尔金历）=65×584天（金星周期）=104×365天（哈布历）。[1]玛雅人对这套复杂而精细的历法极为重视，并在许多纪念碑和神庙的石刻铭文中对其进行记录。此外，现存的3部玛雅抄本同样有相关记载。[2]

二、玛雅历法与天文学

（一）玛雅古天文观象台

帕伦克遗址作为玛雅文明的重要遗迹之一，见证了古玛雅人的智慧和成就。在众多建筑群中，有一座宫殿主体建筑群尤为引人注目，它由中庭、柱廊、过厅以及多间居室组成，形成了一座庞大的迷宫式建筑。[3]在这座宫殿的中心位置，矗立着一座高耸的塔楼式建筑，共五层，高达数十米，其四面均设有宽大的窗户。考古学家对周围几座金字塔位置进行测定后发现，其刚好处在正东、正南、正西、正北的十字交叉线中心，可见这是当时玛雅人用于测定方向的参照。墨西哥奇琴伊察天文台坐落于奇琴伊察遗

---

[1] SOFFEL M H, 李亮. 玛雅天文学和2012世界末日[J]. 自然杂志, 2012, 34 (05): 249–255.
[2] 林革. 神奇的玛雅历法[J]. 百科知识, 2019 (20): 17–22.
[3] SOFFEL M H, 李亮. 玛雅天文学和2012世界末日[J]. 自然杂志, 2012, 34 (05): 249–255.

址之上，被认为是玛雅文明观测天文的另一重要平台。在天文观测台边缘放置着巨大的石制杯子，玛雅人利用其盛水之便，透过水面反射来观望星辰，以此确立他们复杂而精确的日历系统。天文台塔高12.5米，建在两层高台之上，和库库尔坎金字塔一样，高台上面的台阶位置是经过精心计算的，与重要天象相配合。建筑中的台阶与阶梯平台的数量分别对应着一年的日数与月份。52块刻有图案的石板，寓意着玛雅历法中的52年周期。此外，该建筑的方向设计经过了精细规划，其阶梯方向分别朝向正北、正南、正东及正西。塔内有一道螺旋形楼梯直接通到位于塔庙的观测室，室中有一些位置准确的观察孔供天文学家向外观测，可以十分准确地算出星辰的角度。

（二）金星观测

在玛雅人的历法编制过程中，金星占据了一个极为关键的地位。作为太阳系中的八大行星之一，金星是距离地球最近的天体。其公转周期为224.71天，意味着金星完成一次围绕太阳的轨道运动所需的时间。而金星的会合周期为583.920天，这是地球观测者目睹金星在天球上回到相同位置的周期。一个完整的会合周期涵盖了上合、下合、西大距和东大距四个阶段。在上合阶段，金星会在日落后出现在天空中，随后经历下合阶段，以晨星的身份出现在黎明时分。大约经过5个会合周期，即约8年时间，玛雅人据此将584天定义为一个金星年，此乃观测金星在天球上完成一个完整周期所需要的时间长度。

（三）德累斯顿刻本

玛雅人于5世纪开始制造自己的纸张，罗马人也于同时代造纸，但玛雅人的纸张更为耐用及适合书写。人们在纸上记录下天文、数学等知识，这些手稿一般都以最后存放的城市命名。现仍留存者中，以《德累斯顿古抄本》最为重要。

1519年，科尔特斯曾把很多资料从墨西哥带回欧洲，《德累斯顿古抄本》可能就是其中之一。从那时候起这部手稿便失去踪迹，直到1739年在维也纳由德累斯顿撒克逊王室图书馆从私人手中获得。在1810年，科学家亚历山大·冯·洪堡首次公布了《德累斯顿古抄本》中的5页内容。1829年、1830年金斯伯勒子爵爱德华·金开始出版他的《墨西哥古物》系列，书中有一些墨西哥手稿的插图。在这个系列的第三卷中，他第一次向欧洲人再现了《德累斯顿古抄本》的全部74页手稿。

这部由意大利艺术家奥古斯丁·阿戈利奥绘制插图的《德累斯顿古抄本》出版物弥足珍贵，因为它反映的是第二次世界大战之前古抄本最初的良好保存状态，第二世界大战期间古抄本曾在德累斯顿攻坚战中被水侵蚀。《德累斯顿古抄本》是以系列历书的形式安排结构的，这些历书可以指导人们为各种宗教仪式选择时间，它们保存了有关月神与疾病、月亮与行星金星的天文周期、卡吞预言以及新年庆典的许多信息。一些学者认为，《德累斯顿古抄本》包含了玛雅人主要的天文学知识，例如有关木星、火星、土星和水星同向公转的一些表格。古抄本中还有其他一些信息，基本上是关于金星运行周期以及对月食预测方面的内容，包括名字、情节和日期的象形文字文献是用红色和黑色颜料绘制的。

（四）太阳历石

太阳历石又名阿兹特克历法石，是墨西哥国家人类学博物馆的镇馆之宝，历石直径达3.6米，厚20厘米，总重量约为24.59吨，出土于阿兹特克大庙。西班牙人在破坏阿兹特克大庙后，在它上面建起了当时美洲大陆的第一座主座教堂——墨西哥城大教堂，1790年修整宪法广场时，完好无损的太阳历石又重新出现在人们视野中。

太阳历石记录了玛雅人对历法和时间的理解，历石的主体中心部分是玛雅传说的第五颗太阳，被玛雅人认作是太阳神托纳提乌（Tonatiuh），太阳历的内圈有四个图案，分别是风、虎、火、水，玛雅人认为自己的世界处于第五纪元，前四个纪元各有一个太阳已被此四个元素毁灭，圆盘中央就是第五个太阳，第五个纪元也将在2012年12月21日结束。太阳历石的外圈由两条巨蛇构成的环状图案组成，蛇的头部在下端，边缘刻有星星和燧石，表示白昼、阳光和天空。

阿兹特克人的时代便已经知悉春分、夏至、秋分、冬至等节气，并用以指示农业生产生活。太阳历石上的阿兹特克历记录了太阳、月亮和金星的轨迹，包含了两部历法。第一部是太阳历，用于指导农耕。太阳历每年有18个月，每月20天，再加上年末休息的5天，正好是365天，其精确程度比儒略历有过之而无不及。第二部神历则规定每年有13个月，每月20天，一年共260天。两部历法合在一起计算，每52年重合一次。用这种方式纪年，可以精确地推算到远古，令人叹为观止。太阳历石这一珍贵遗物，深刻地映射出阿兹特克文化中哲学与宇宙观的独特内涵。位于石盘中央的雕像象征着赋予万物生机的太阳神，而环绕其四周的图案则分别描绘了四个与太阳相关的神话故事。内环上的二十个各异标志，各自代表着二十个不同的时间周期。外环的"V"形图案象征着照耀大地的阳光，是能量与生命的源泉。此外，两条蜿蜒于巨石周围的巨蛇，分别象征着羽蛇神与火神，进一步丰富了太阳历石的象征意义。

(五)长纪年历

古玛雅人的"世界末日"源于纪元转换。[①]玛雅日期的完整记法是三历并用：长纪年历日放在最前面，其次是神圣历日，亦称卓尔金历日，最后是太阳历日（民用历日）。例如，公元731年8月22日在玛雅历中记为：9.15.0.0.0；4阿哈乌；13雅克司。关于玛雅长纪年历的起始点，即其"零点"的具体定位，存在一定的探讨空间。换言之，我们需要探究这种独特的连续计日法究竟起源于何时。这一起点被称为玛雅历的"历元"，它是0.0.0.0.0；4阿哈乌；8科姆呼。转化为公历，就是公元前3114年8月11日。玛雅人把13个白克顿称为"1个纪元"。它的长度正好是7200卓尔金年，即1 872 000天。按长纪年历，从0.0.0.0.0（即公元前3114年8月11日）开始，经历整整1个纪元就到了13.0.0.0.0这一天，也就是2012年12月21日。这一天，正是末日流言中谈及的"世界末日"。

三、玛雅历法与二十四节气比较

从起源和地域看。二十四节气起源于中国古代农耕社会，主要用于农事安排和气候变化预测，是中国传统文化

[①] 周明陶. 到玛雅遗址探寻神奇历法之谜[J]. 今日科苑, 2013(02): 43-46.

的一部分。玛雅历的起源可追溯至中美洲的玛雅文明，该文明曾遍布今日墨西哥共和国的尤卡坦半岛、恰帕斯、金塔纳罗奥、塔瓦斯科以及塔帕斯科东北部地区，同时亦包括中美洲的危地马拉、洪都拉斯、萨尔瓦多和伯利兹，其统治区域总计约涵盖32.4万平方千米。

玛雅历不仅用于计量时间，还与宗教、宇宙观和社会活动密切相关。玛雅历法主要基于一个长260天的仪式周期，直到今天，墨西哥和中美洲部分地区的一些人仍在使用这种占卜日历，再加上一年365天的周期。两者加在一起，就构成了一个长达18 980天（52年）的超长历法循环。这种复杂而古老的系统被北美洲和中美洲最初的居民使用了数千年。

从历法结构看。二十四节气以太阳运行为基准，将一年划分为24个节气，每个节气约相隔15天，节气之间的间隔相对均匀，用来反映季节变化和安排农事活动。玛雅历则采用了不同的日历系统，除了前面提及的长纪年历，还包括太阳历和神圣历，太阳历又叫作哈布（Haab）历，神圣历亦称卓尔金（Tzolk'in）历。哈布历有365天，类似阳历，而卓尔金历是一种用于祭祀和预测的260天周期日历。哈布历和卓尔金历相互交织，形成长周期的组合，用于记录特殊的时刻、祭祀和宗教活动。玛雅历法包含有20个象征性的生肖，这些生肖在纪日、纪月或纪年的过程中发挥着重要的作用。此外，这些生肖与八卦中的水、土、风、雷等元素有着相似之处。在太阳历中，这20个生肖各自代表着每月对应的20个神祇祭祀日；而在神圣历中，这20个生肖则象征着一年中的20个星期。

从文化属性看。二十四节气反映了中国古代农耕社会对季节和气候变化的敏锐观察，具有浓厚的农耕文化和民俗特征。玛雅历与玛雅文明的宗教、祭祀、天文观测和宇宙观息息相关，同样被认为是玛雅文化的核心组成部分。对玛雅人来说，所有日历和天文周期及系统，最后都用于占卜和宗教的或预测目的。[①] 例如，玛雅文明在实践中将太阳历与神圣历交互运用，采用太阳历年头的四个神圣图符，乘以神圣历的13个数字，构成了一个52年的周期。这种周期与中国古代的六十甲子年（即十二乘以五）相似，在宗教仪式中占据着极其重要的地位。每隔52年，玛雅人便会举行一次"新火仪式"（NewFire Ceremony），届时，青年男女通过歌唱、舞蹈以及升火仪式来庆祝世界尚未终结。另外，每隔104年（即52年的两倍），当金星与太阳历的合期来临时，也会举办相应的庆祝活动。

从影响范围看。二十四节气影响着世界各地，尤其是中国及其周边地区，被广泛用于农事、传统节庆和文化活

---

① 雷埃斯, 张承泉. 玛雅文化中的数字[J]. 飞碟探索, 1994(05): 6-7.

动，并于2016年被联合国教科文组织列为人类非物质文化遗产。玛雅历对中美洲地区的玛雅文明产生了深远影响。这一文明，作为拉丁美洲古代印第安人文明的重要代表，亦成为美洲大陆古代印第安文明卓越的典范。其之所以名为玛雅文明，是因为它是由居住在该地区的印第安玛雅人所创造和发展的。

玛雅历和二十四节气最大的相似之处，在于通过月令物候影响农业生产。在自然界中，存在三个关键的时间周期，即年、月、日。人类最初的劳动和生活模式是以"日"为周期，即日出而作、日落而息。随后，人们开始注意到月亮的盈亏变化，这是一个极为显著且至关重要的天文现象。在长期观察及掌握十进制计数法之后，人类逐渐意识到了"月"的周期性。然而，相较于"日"与"月"，对"年"的认识则更为复杂，难度更大。尽管如此，这个周期对人类生产和生活具有更为深远的意义，因为气候变化、雨量旱情，以及渔猎、采集活动，甚至是农业生产，都与之息息相关。先民对这一周期的认识，是在长期观察物候现象的基础上逐步形成的，他们通过观察草木的枯荣、动物的迁徙、河流的冻解等周期性现象，逐渐揭示了一年的长度。在深入理解自然界的物候变化与季节更替基础上，人们逐渐学会了根据花木的生长周期和鸟类的迁徙规律来安排农业生产与日常活动。这标志着人们进入了以物候现象为依据来确定时间的"物候授时"时代，即人们常说的"花木管时令，鸟鸣知农时"。在文字发明之前，先民所采用的原始历法可被称为"物候法"。这种历法普遍存在于世界各国历史之中，无论是玛雅历法还是中国的二十四节气，都曾经历过这样的阶段。

所谓"物候"，是指先民根据植物的生长周期和动物的迁徙习性来判定季节的方法，这是早期农业和牧业生产中不可或缺的知识体系。玛雅历法的物候特点在其太阳历的18个月份（即veintenas）的月令内容中有所体现，这些内容涉及了诸如植物鲜花、果实脱落、水源干涸等自然现象，均是依据物候变化来确定的。例如，元月被称为"新太阳"，意指白昼自该月起开始延长至冬至日；二月被称为"收获"，指收割玉米的时期；三月被称为"井"，意味着此时无雨而需水源；四月被称为"垦新地"，指开垦新土地的时期；五月被称为"白花开"，意指白色的花朵开始盛开；六月被称为"烧林辟地"，指烧毁森林以开辟土地的时期；七月被称为"灭火"，指烧林之后需要扑灭火势；八月被称为"播种"，指播种的时期；九月被称为"多雨"，意味着此时降水量增多；十月被称为"敲鼓驱鸟"，指为了保护农作物幼苗免受害鸟的侵害而敲鼓驱鸟的时期；十一月被称为"玉米早熟"，指玉米提前成熟的时期；十二月被称为"雷雨频繁"，意指此时雷雨天气频繁；十三月被称为"砍树"，指为开垦土地而砍伐树木的时期；十四月被称为"收割红玉米"，即收割红玉米的时期；十五月被称为"猎神"，指狩猎女神的时期；十六月被称为"冬蝙蝠"，意指昼短夜长的时期；十七月被称为"剥玉米粒"，顾名思义即剥离玉米粒的时期；十八月被称为"结束"，指本月底距离冬至日仅剩5个"无用日"，即距离冬至日仅剩25天。

二十四节气关于物候的表达则有更为丰富的内涵。可资考证的历史上，中国是首个系统编纂物候历并将其实际运用于农业生产的国家。目前所知，最早系统记录月令物候现象的文献是《夏小正》。记物候的具体内容，以正月为例表述如下：

"正月：启蛰，雁北乡，雉震呴，鱼陟负冰……囿有见韭……田鼠出……獭献鱼，鹰则为鸠……柳稊，梅、杏、杝桃则华，缇缟，鸡桴粥。"

"时有俊风，寒日涤冻涂。"

"鞠则见，初昏参中，斗柄县在下。"

"农纬厥耒，农率均田，采芸。"

第一段的意思是说冬眠的昆虫逐渐苏醒；北归的大雁预示着季节的更迭；野鸡振翅发出鸣叫声，此时土壤中的生命开始复苏，水分逐渐上升，尽管水面仍覆盖着一层薄冰，但鱼群已经开始向上游迁移；园中，蔬菜开始新一轮的生长；田鼠离开洞穴，活动频繁；水獭捕鱼场景常见，由于捕获的鱼儿过多，它们会选择将多余的鱼儿遗弃于水边；此外，鹰逐渐离去，而鸠开始抵达（鹰与鸠均为候鸟，按照既定的季节迁徙，古人误以为鹰转变为了鸠）；柳树开始抽出花序；梅花、杏花以及山桃花纷纷绽放；莎草科的缟草已经结出果实（缟草的果实呈橘红色，而莎草已经长出了花序，古人误将缟草的花序当作果实）；鸡群的产卵活动再次开始，预示着新生命的孵化。第二段，关于气象的记述：春风和煦，尽管仍带着一丝寒意，却足以融化冻结的土壤，带来生机。第三段，关于天象的记述：夜空中再次出现了鞠星；黄昏时分，参宿位于南方；北斗七星中，其斗柄指向下方。第四段，关于农事活动：农民开始修整农具，梳理田界，并规定了奴隶的耕作面积；同时，开始了采摘供祭祀之用的芸菜的活动。①

总体而言，二十四节气和玛雅历是不同文化背景下的历法系统，各自在时间计量、宗教、农事、文化等方面有着独特的功能和影响，它们是两种文明历史和文化的重要组成部分。玛雅历与二十四节气在起源和地域上有相似

---

① 戴尔君.古代物候知识和物候历[J].教育界：教师培训，2016（5）：2.

之处，都体现了古代农耕社会对季节和气候变化的敏锐观察。玛雅历对中美洲的玛雅文明产生了重要影响，而二十四节气是中国古代农耕社会对季节和气候变化的观察总结，对东南亚乃至世界都产生了深远影响。

第三章

二十四节气与世界现行主要时间制度

时间兼具自然属性和社会属性,并且随着文明进步,今天所提到的"时间",已基本等同于人类在自然时间基础上再造的标准与规则。各国文化传统的差异,使其对待时间的态度和利用时间的行为也存在差异。如今,随着世界各国间文化交流融合不断深入,人类需要一系列与之相适应的时间制度,将抽象概念具象化,来避免差异性带来的不便。但在全球层面上的时间制度日益趋同之际,很多地方性时间体系依然盛行,除目前通行的公历外,伊朗、以色列、印度等国家还使用着基于该国传统与宗教信仰制定的历法。特别是东北亚和东南亚国家,深受中国、印度历法的影响,融合发展出适应本国的时间制度。

此外，世界人民为适应生产生活需要，在特定的时间安排活动，形成了丰富多样的节日体系。中国的传统节日体系主要是以协调人和自然的关系为核心而建立的[①]，二十四节气便是其中的重要标识，如郊外踏青春游与行清墓祭的清明节。节日的内涵和庆祝方式也随着时间推移而不断演化，如春节也曾特指立春，在公历成为官方历法后演变为狭义上的农历正月初一，广义上的农历正月初一至正月十五。其他民族、国家也有着类似的设定。

本章将通过对公历和主要地方性时间制度及其节日体系的研究，探讨地方时间制度如何在维护文明传统的基础上，协调与国际主流的关系。并通过它们与二十四节气之间的异同分析，探究各时间制度在起点划定、季节划分、命名特色，以及对农业生产生活、节日庆祝、民俗文化的影响等多个方面的异同之处，进一步理解节气文化对中国乃至世界的价值意义，探寻全球视域下二十四节气的保护传承策略。

---

① 刘魁立.中国人的时间制度和传统节日体系[J].节日研究，2010(01)：48-52.

第一节　二十四节气与公历

公历，即格列高利历，是现行国际通用历法。公元常以A.D.（拉丁文 Anno Domini 的缩写，意为"主的生年"）表示，公元前则以 B.C.（英文 Before Christ 的缩写，意为"基督以前"）表示。

一、二十四节气与公历的相似之处

二十四节气作为中国时间制度的精华，反映了中华大地几千年间气象、物候、生态的变迁历程，彰显着中华民族悠久的传统习俗和深厚的文化积淀，深刻影响了亚洲多个国家或地区的历法体系。公历是包括中国在内的世界上多数国家现在通用的历法，作为中外时间制度的重要组成部分，它提供了全球统一的时间标准，有助于消除因历法不同而造成的混乱和误解，促进各国之间的理解和合作，推动人类文明的进步和发展。两者有诸多相似之处：

（一）都是太阳历

二十四节气只固定在太阳的一定日期上，不跟随阴历日期而变动，所以它属于阳历范围。①公历是修订儒略历而来，而儒略历是吸收埃及历法的纯太阳历。二十四节气与公历均属太阳历，即据地球绕太阳公转的运动周期制定的历法，这是本书将两者进行比较研究的立论基础所在。

　　作为中外时间制度的典型代表，二十四节气和公历同属太阳历的特点，一定程度上反映了中西文化共通的太阳神崇拜。据学界研究，太阳崇拜及太阳神话在古代各民族几乎都曾出现过。宗教学家麦克斯·缪勒认为一切神话皆源于太阳；而著名人类学家爱德华·泰勒在其《原始文化》中也认为，凡是阳光照耀到的地方，都会有太阳神话的存在。太阳是天国中最著名的代表，在宗教信仰里有着特殊的地位。在世界各民族文明社会的历史上，中国和埃及历史上的太阳崇拜及其信仰有着突出的地位；古代希腊、罗马和北欧神话中的日神都占有一席之地；在美洲，印加人把太阳宗教发展到顶峰，玛雅文明、阿兹特克文明以及印第安人都有太阳崇拜的历史和遗风。印度教、古伊朗、西亚同样存在太阳神话的史料记载。此外，我们还可以从基督教社会中感受到太阳崇拜的某些遗迹。②

　　二十四节气和公历虽然均为阳历，但是有学者认为

---

①　唐凌. 历史年代学[M]. 桂林：广西师范大学出版社, 1992：155.
②　高福进. 太阳神话与太阳崇拜[J]. 西南民族学院学报（哲学社会科学版），1993（05）：17-21.

二十四节气比后者更科学一些，"格列历虽然也是根据太阳周年视运动编制，但它的月份安排却有不合理的地方，特别是二月份只有二十八天，闰年也只有二十九天，比平常的月份少两三天。而二十四节气却更能准确地反映太阳的周年视运动，更能准确地反映四时季节的变化，更能有效地指导农时，有人说它是'两千年来一直指导农时的科学的太阳历'，它的制定'是我国天文学史上一项重大的里程碑式的变革'"[1]。

（二）均以冬至为起点

公历以冬至为起点，二十四节气制定之初也以冬至为起点，二者有文化上的契合。

汉武帝时期，二十四节气被纳入太初历，作为指导黄河流域农事的历法补充。采用圭表在黄河流域测出"日短至"（白昼最短）这天作为冬至日，并以此为二十四节气起点。将冬至与下一个冬至间的日期平分十二等份，称为"中气"，再将相邻"中气"间的时间等分，称为"节气"，平均每月有一个"中气"与一个"节气"，统称"二十四节气"。"平均时间法"划分节气，始于冬至，终于大雪。司马迁《史记·律书》云："气始于冬至，周

---

[1] 徐传武. 中国古代天文历法[M]. 济南：山东教育出版社，1991：50.

而复始"，即二十四节气融入十二月，以冬至为基点。冬至出现在每年12月21日至23日之间，黑夜最长的一天。古代中国人认为阳光在这一天转强，代表着光明战胜黑暗，吉祥之兆。所以有祭祀冬至、迎接光明的传统。

而公历，是以狄奥尼西教士提出的以耶稣诞生之年作为公元元年。圣诞节是基督教的重要节日，用于纪念耶稣基督的诞生，选择12月25日，接近冬至。在古罗马时期，12月25日就是异教徒崇拜太阳神诞辰的日子。基督教会采用此日来纪念耶稣降生，同样蕴含着光明的寓意。在圣诞节这天，基督徒会举行礼拜仪式，点燃烛光，家家户户装扮圣诞树，象征耶稣为"世界之光"带来希望。这与中国冬至点灯祈福的传统不谋而合。可以看出，尽管缘由不同，但圣诞节和冬至都强调庆祝光明、希望的寓意。两种节日选择相近的冬季日期，都体现了人类对光明战胜黑暗的崇尚与追求，这种跨文化的契合充满人文主义精神。

（三）均对农业生产生活产生影响

农业生产一向是古代民众衣食生活最主要的来源，它包括耕地、播种、灌溉、施肥、收获等一系列环节，"不违农时"是农业生产的基本遵循。在中国，"农时"把握的依据便是二十四节气，这从节气名称的四类含义便可看出：（1）表示季节变化的有立春、春分、立夏、夏至、立秋、秋分、立冬、冬至；（2）表示气温的有小暑、大暑、处暑、小寒、大寒；（3）表示降水和水汽凝结现象的有雨水、谷雨、白露、寒露、霜降、小雪、大雪；（4）表示物候现象和农事活动的有惊蛰、清明、小满、芒种[①]，即二十四节气能比较准确地反映气候的冷暖变化、降水多寡与季节变化等。中国古代各种植区根据自身的气候特点和生产经验，形成了大量二十四节气农谚，如"清明前后，种瓜点豆""立夏快锄苗，小满望麦黄"等。

公历体系与农业活动之间存在密不可分的关系。尽管公元纪年的设立主要是为记录历史事件和时间流逝，但它对农业的发展也产生了深远影响。

一是公历为农业生产提供了统一和标准化的时间框架。农民可以利用公历中的年、月、日来准确地计划和安排农事活动，包括播种、施肥、除草、灌溉、收割等重要农业生产环节。公历让农民能够对不同农业生产活动的时间进行预计和控制，从而更好地管理农田和提高作物产量。

二是公历为农业科技发展提供了重要的时间线索。作为人类最早的生产活动之一，农业的起源可以追溯到一万年前。公历的出现为学者研究不同历史时期的农业技术、

[①] 徐传武.中国古代天文历法[M].济南：山东教育出版社，1991：52.

作物品种、灌溉方法等提供了时间参照。学者可以通过比较不同公元纪年段的农业情况，来分析农业科技的变迁和发展历程，为当代农业的发展提供借鉴。

三是公历与农业节日和传统也有着密切联系。许多重要的农业节日，如公历新年、感恩节等，都是建立在公历的基础上的。这些节日反映出古代农民对农业生产节奏和丰收的认识，也体现了农业文化和传统的积淀。公历为这些节日的形成和保留提供了时间依据。

四是公历还影响着政府对农业的管理。政府会根据公历年份制定农业政策，进行农业资源分配，开展农业普查等活动。公历使这些政策和活动在时间上统一化，有利于政府部门对农业的宏观调控。

综上，公历的使用为农业的发展提供了统一和标准化的时间框架，使农民、学者和政府能够更好地对历史时期农业情况进行比较研究，并对现代农业的管理实施更有效的规划。尽管公历的设立动机并非出于农业需求，但它已成为农业活动中不可或缺的时间参照，对农业科技发展和农村社会进步产生了深远影响。公历与农业之间的这种互动关系值得进一步探讨和关注。

（四）广泛传播世界各地

二十四节气起源于黄河中下游地区，尔后流布至其他地区和海外诸国。①大陆性季风气候决定了黄河流域的农业气候条件是夏季热量丰富而全年无霜期偏短，无霜期愈短，作物的生长期也愈短，因此中国传统农业的发展必须要把握短暂农时，于是，先民创立节气历作为精准指导农业生产的有力工具。有同样气候特征的亚洲不少国家和地区农业耕作也面临着同样的难题，因此二十四节气得到了不少国家民众的广泛认同。②

例如，从7世纪开始，经由遣隋使、遣唐使的译介，包括二十四节气在内的中国传统阴阳合历进入日本。据统计，日本明治维新引入西历之前，使用过九部历书，前五部纯为中国历书，后四部是日本人在中国历书基础上改制的历书，被称为"和历"。这些中国历法在日本从604年一直使用到1685年。进入江户时代后，日本人以中国历法为基础修订和历，依然把二十四节气作为重要内容。例如，日本《贞享历》是在中国元代《授时历》的基础上改订的，首次将二十四节气的全部名称写入历注，同时也对中国二十四节气体系的七十二种物候特征进行了适应日本海洋性气候的改动，制定了日本的七十二候。二十四节气对

---

① 隋斌，张建军. 二十四节气的内涵、价值及传承发展[J]. 中国农史, 2020, 39(06): 111-117.
② 毕旭玲，汤猛. 重估中国二十四节气在人类历法体系中的地位[J]. 中原文化研究, 2023, 11(01): 96-103.

近现代日本社会仍产生较大影响,见后文论述,此处略。此外,朝鲜半岛大约在东周时期得到了从中原地区传入的包括二十四节气在内的中国传统历法后,持续不断地从中国引入新的历法,高丽时代的历法编纂机构"书云观"之名源自二十四节气。东南亚的越南、缅甸等国的历法也受到包括二十四节气在内的中国传统阴阳合历的影响。贞元十八年(802年)骠国(即缅甸)奉唐正朔,以夏正建寅之月为历法正月。元统二年(1334年),元朝将《授时历》赐给安南陈朝宪宗,此后安南历朝都使用中国历法。[1]

公历,即公元1582年3月罗马教皇修订的格列高利历,由于其精度很高,欧洲的旧教(天主教)国家,如罗马、意大利、法国、西班牙、葡萄牙、波兰等,很快就遵照教皇的命令,改行此历。后来非旧教国家也陆续改用。到1700年时,所有欧洲国家几乎都采用了新历。只有英国和俄国例外,依然保持儒略旧历[2]。

随着西方文明的崛起和扩张,格列高利历逐步被世界各国政府采用,因而被称为"公历",迄今为止,公历已经成为应用最普遍的时间体系。最初公历只在西欧地区流

---

[1] 毕旭玲,汤猛.重估中国二十四节气在人类历法体系中的地位[J].中原文化研究,2023,11(01):96-103.
[2] 唐凌.历史年代学[M].桂林:广西师范大学出版社,1992:16.

行，后逐渐在北欧和东欧地区被采纳。但是公历的推广并不十分顺利，受到各种力量的阻挠，特别是宗教的干扰，完全借助枪炮的力量很难推行。公历首先在天主教国家得到承认，随后得到新教国家和非宗教性国家的承认（如美国、日本和中国），之后才为东正教国家所采纳（主要是东欧国家），至于伊斯兰教国家（主要是阿拉伯世界）接受公历，主要是第二次世界大战之后迫于外交上的考虑。许多非基督教国家在接受公历的同时，仍然沿用自己的传统历法。如中国、日本和其他东南亚国家，都是公历和阴阳历并用，国家活动主要依据公历，但是也兼顾了阴阳历的时间体系，民间生活和宗教活动完全依照阴历。对于伊斯兰国家来说，公历是基督教的时间体系，因而采纳公历是一个痛苦的选择。从某种意义上说，伊斯兰国家是绝对不会完全放弃自己的教历的，公历只是国家外事活动不得不采用的时间体系，对于民间和宗教团体，则有一种十分强烈的排斥情绪。[1]世界各国采用格列高利历的时间先后不同（见表1）。

---

[1] 汪天文. 三大宗教时间观念之比较[J]. 社会科学, 2004(09): 122-128.

表1　世界主要国家采用格列高利历时间表[①]

时间	国名	时间	国名
1582年	意大利、法国、西班牙、葡萄牙、波兰	1912年	中国（但不采用公元，使用民国纪年）
1583年	日耳曼、荷兰、比利时等信奉天主教的国家	1916年	保加利亚
1587年	匈牙利	1918年	苏联
1584—1812年	瑞士（逐渐使用）	1919年	南斯拉夫、罗马尼亚
1700年	日耳曼及荷兰等信奉基督教的国家；丹麦	1924年	希腊
1752年	英国	1925年	土耳其
1753年	瑞典	1941年	泰国
1873年	日本		

二、二十四节气与公历的差异对比

尽管二十四节气与公历有诸多相似之处，但是两者在智慧凝练的起源、宗教因素对历法的影响、时间观念的构建、民族表征的特性等方面，有较大的差异。

（一）中华智慧与文明交融

二十四节气是古人通过长期天文观测与农业生产实践积累形成的，其雏形期可以追溯至久远的燧人氏时期，诸多文献中都有关于二十四节气的神话记载，说明华夏先民

[①] 陈遵妫. 中国天文学史：第1册[M]. 上海：上海人民出版社，1980：1582.

很早就使用节气历来指导农业生产实践。[1]二十四节气的形成经历了从两至两分到四时八节、再到二十四个节气逐步完善的过程。通常认为，至迟在殷商时期，中国古人已经能够通过圭表测日的方法来确定夏至和冬至。据《周礼·春官宗伯》等文献记载，至迟到西周时期，我们先人就已测定四个节气——冬至、夏至、春分、秋分。[2]《尚书·尧典》中出现的日中、日永、宵中、日短等四个词，就应当表示这四气。[3]春秋中叶，随着圭表测日技术的提高，立春、立夏、立秋、立冬四个节气被确定下来。四时八节的确定意味着二十四节气中的主要节气划分完毕。[4]《左传·昭公十七年》提到传说中的少皞氏设置历官，已经分司"分""至""启""闭"。古代注疏家大多认为"分"即指春分、秋分；"至"即指冬至、夏至；"启"即指立春、立夏；"闭"即指立秋、立冬。这是二十四节气中最重要的八气。虽然传说不是信史，但这八气的产生时代较早，估计在西周前后。《吕氏春秋·十二月纪》和《礼记·月令》中都记载了这八气。一般认为著述年代为

---

[1] 毕旭玲，汤猛. 重估中国二十四节气在人类历法体系中的地位[J]. 中原文化研究，2023，11（01）：96–103.
[2] 隋斌，张建军. 二十四节气的内涵、价值及传承发展[J]. 中国农史，2020，39（06）：111–117.
[3] 徐传武. 中国古代天文历法[M]. 济南：山东教育出版社，1991：51.
[4] 隋斌，张建军. 二十四节气的内涵、价值及传承发展[J]. 中国农史，2020，39（06）：111–117.

战国时期的《周髀算经》中已有"八节二十四气"之语，在《逸周书·时训解》中，已有了齐全的二十四气，可以说，二十四节气在战国时代已全部形成是可信的。①西汉《淮南子·天文训》中已有完整二十四节气的记载，如"十五日为一节，以生二十四时之变""距日冬至四十六日而立春，阳气冻解，音比南吕"②等，所列名称和顺序，全同于现今。汉武帝元封七年（即太初元年，公元前104年），邓平等制订的《太初历》颁行全国，这是中国有完整资料的第一部传世历法，其以正月为岁首，将中国独创的二十四节气分配于十二个月中，并以没有中气的月份为闰月，从而使月份与季节配合得更合理。③二十四节气开始纳入国家历法，后来逐步运用到全国各地。《太初历》标志着中国历法古历时期的结束和中法时期的开始，从汉太初元年至清代初期改历为止，制定历法者有七十余家，均有成文载于二十四史的《历志》或《律历志》中，诸家历法虽多有改革，但其制历原则却没有大的改变。④二十四节气有恒气（平气）和定气两种安置方法，用定气的节气天数虽然多少不等，却使春分、秋分一定在昼夜平分的那

---

① 徐传武. 中国古代天文历法[M]. 济南：山东教育出版社，1991：51.
② 刘安. 淮南子集释·卷三 天文训[M]. 何宁，撰. 北京：中华书局，1998：213–214.
③ 崔振华，陈丹. 世界天文学史[M]. 长春：吉林教育出版社，1993：36.
④ 崔振华，陈丹. 世界天文学史[M]. 长春：吉林教育出版社，1993：32–33.

一天，符合实际天象。隋朝的刘焯在制定《皇极历》时就指出平气的不合理，而主张用定气法来安排二十四节气，但未得以实行。唐代的李淳风和一行都曾沿袭刘焯的方法，用定气来推算日月交食，但仍用平气注历。后世继续使用，不知加以变更，直到清代的《时宪历》才用定气注历，这也可以说是中国历法上的一次大改革。①

而现今国际通用的公历，是经罗马历和儒略历逐渐改进而成的纯太阳历。②上文谈到，早期罗马人采用希腊人的历法。在公元前753年罗慕路斯王时代，每年只有10个月，共304天，每年在严冬时期，约有60天的冬眠时间不计算在内。随后，为弥补日历中缺失的天数及与希腊历法保持一致，约在公元前700年，第二位罗马统治者努玛·庞皮里乌斯增加了50天，推出努马历，即在第十月后面加两个月，一年遂有12个月，全年共354天。

公元前1世纪，罗马依靠对外扩张使疆域不断扩大，成为地跨欧亚非的大国，其征服的地方都推行罗马历。在凯撒征服埃及之后，他邀请亚历山大天文学家索西琴尼厘定改历，废阴阳合历和闰月，采用纯太阳历。它采用埃及通用的岁实365.25日为一年，年分12个月，月名照旧。凯撒引入埃及的阳历，取代了罗马原本混乱的阴历，并设立了每4

---

① 徐传武.中国古代天文历法[M].济南：山东教育出版社，1991：53.
② 唐凌.历史年代学[M].桂林：广西师范大学出版社，1992：13.

年一次的闰年制度。

1580年时,儒略历比太阳年又差10日,1582年3月罗马教皇格列高利十三世发布节略,把该年10月消除10天,定该年10月4日的翌日为10月15日;并在400年间,消除三个闰日,世纪年数能以400除尽者方为闰年。[①]第一条规定实质上就是把当时的春分点改回固定在3月21日,解决了日历和天时不合的矛盾。第二条规定把历法的精密度大大提高了一步,保证这种历法在相当长的时期内也能适用(3300多年才会与回归年相差1天)。[②]这样就使岁实接近于回归年365.2422日。此即修订儒略历闰法而创立的格列历。从天文学上来讲,格列历除月名还有一定的神话典故外,它可以说是比较符合客观规律的历法。[③]

从二十四节气和公历的起源及历史演变,可知二十四节气是中华智慧的独特体现,而公历是古希腊、古埃及、古罗马等多个文明交融的产物,这是二十四节气与公历最明显的差异。毕旭玲等认为中国二十四节气历才是人类历史上成熟最早的太阳历,二十四节气、七十二候这套历法体系是中华民族生存智慧的重要体现,甄真将二十四节气

---

① 陈遵妫.中国天文学史:第3册[M].上海:上海人民出版社,1980:1583-1584.
② 唐凌.历史年代学[M].桂林:广西师范大学出版社,1992:16.
③ 陈遵妫.中国天文学史:第3册[M].上海:上海人民出版社,1980:1584-1586.

与指南针、火药、纸张和印刷术这四大发明并提，"称之为'第五大发明'也不为过"，并高度评价二十四节气产生的重要意义："如果没有二十四节气，人们吃不饱饭，'四大发明'就会推迟，并进一步推迟世界文明发展的进程"。①而公历是历经各文明融合多年发展完善的太阳历，出现时间远晚于二十四节气。

（二）宗教因素对历法的影响程度

二十四节气关注自然周期变化，侧重对农时的现实指导，并无宗教色彩。而公历有浓厚的基督教色彩。

"公元"产生于基督教盛行的6世纪。公元525年，一个名为狄奥尼西的僧侣为了预先推算7年后（即公元532年）"复活节"的日期，提出了所谓耶稣诞生在狄奥克列颠纪元之前284年的说法，并主张以耶稣诞生作为纪元，这个主张得到了教会的大力支持。公元532年，把狄奥克列颠纪元之前的284年作为公元元年，并将此纪年法在教会中使用。到1582年罗马教皇制定格列高利历时，继续采用了这种纪年法，由此教士所提出的耶稣诞生的年份，便被称为公元元年。②据学界研究，"532"这个数字在天文现象上

---

① 毕旭玲，汤猛. 重估中国二十四节气在人类历法体系中的地位[J]. 中原文化研究，2023，11(01)：96-103. 甄真. 二十四节气新编[M]. 北京：中国社会出版社，2005：19.

② 一凡. 公历纪元的来历[J]. 西北人口，1994(04)：30.

具有丰富的内涵，月亮在古代人的宗教生活中占有重要地位。按照基督教会的规定，复活节应该在春分后满月之后的第一个星期天举行。这样根据月亮计算出来的节日，每过532年又能碰到相同的日期，并按同样的顺序重复着。①

正因为公历有浓厚的宗教色彩，其在近现代中国历法改革的传播和接受史上并非一帆风顺。在清末的纪年论争中，不同的纪年主张之所以形成了激烈冲突，就在于纪年起始的意义及内涵差异甚大。尽管耶稣纪年在中国传播日渐广泛，但这一纪年起点指向耶稣诞生的宗教意涵，就使得时人在接受它时有诸多顾虑。甚至在中华民国成立后采用了阳历，但仍用"中华民国纪年"，只是"援引公历"而已。②由于"耶稣纪年"本身所具有的"洋历"和"宗教"色彩，影响了其在中国的传播，因而消解"耶稣纪年"的宗教色彩和突破"西方"局限，重构其"普遍性"则成为时人的重要考虑。时间计量方式的科学性和实用性等因素影响了纪年变革，最终促使"耶稣纪年"蜕变为"公元纪年"，并确立了"公元纪年"在近代中国社会时间计量体系中的主导地位。③中华人民共和国成立时，宣

---

① 唐凌.历史年代学[M].桂林：广西师范大学出版社，1992：17-18.
② 朱文哲.清末民初的纪年变革与历史时间的重构[J].史学理论研究，2016（04）：67-159.
③ 朱文哲.从"耶稣"到"公元"：近代中国纪年公理之变迁[J].民俗研究，2012（03）：70-79.

布采用公元纪年,不仅意味着一个新时代的开始,也意味着其与世界的接轨。此外,特别强调了公元纪年与基督教毫无关系,"既不是提倡基督教,更绝不是采用任何国教",坚持唯物史观和线性进化史观。[①]

(三)循环时间观与线性时间观的差异

无论是东方世界还是西方世界,不同文明系统的初民们从自己的生活环境和实际出发,渐渐都会具有对若干周期性现象的感知,从而确定一种循环的时间观念。[②]人们把时间理解成一种周而复始的循环运动,其时间形态是一个圆圈,一切事物经历一个周期后都可以回到初始状态。一般来说古代社会倾向于循环时间观,而近现代社会逐渐转向线性时间观。线性时间观认为时间是物质形态普遍固有的延续性和一般顺序的统一性,它反映事物形态序列不断更新、延展、流动的过程。东方民族和古罗马都坚持循环时间观,但是基督教反对循环时间观。[③]二十四节气与公历在时间观念上即体现这种差异,前者为循环时间观,后者为线性时间观。

---

① 赵少峰. 公元纪年在近代中国的传播与历史书写的变革[J]. 学术探索, 2018(02):108-114.
② 陈群志. 重新衡定线性时间观与循环时间观之争——一种基于哲学、历史与宗教的交互性文化考察[J]. 社会科学, 2018(07):123-138.
③ 汪天文. 三大宗教时间观念之比较[J]. 社会科学, 2004(09):122-128.

中国古人认为十二月为宇宙运转的规律法则，如《文子·自然》："十二月运行，周而复始"，即天地转了一圈又一圈，一次又一次循环。北斗七星斗柄从正东偏北（寅位，后天八卦图艮位）开始，顺时针旋转一圈，岁末十二月指丑方，正月又复还寅位，故"斗柄回寅"为春正；"斗柄回寅"，指万物起始、一切更生之意也。斗柄绕东、南、西、北旋转一圈，为一周期，即"十二辰"，谓之一"岁"。这体现出中国古人的循环时间观念。划定二十四节气的根本目标，是为循环的时间合理地安排出刻度。《史记·律书》云："气始于冬至，周而复始"。一年的节气变化就是"一气"的循环，"节"为周流天地之间的"气"画出刻度，再以"中气"在每节时间的正中画出阴阳变化的刻度。在这种划分中，存在古人对于太阳周年运动的准确观察，也包含着古人的世界观和宇宙观。

近代学者依照耶稣纪年提出的孔子纪年、黄帝纪年、共和纪年三种纪年改革方案是充分吸收公元纪年的线性时间观念而来。"公元纪年"在近代中国社会时间计量体系中主导地位的确立，既是中国被动融入世界的过程，也是时人追求"西方"现代性的必然结果。这种不可逆转的时间革命，使得带有西方色彩的单向线性时间逐步成为中国社会时间秩序的主轴，既消解了中国原有时间体系的独立性与多元性，同时单向线性的时间属性也会遮蔽历史变化中停滞、倒退等丰富的内容。[①]

(四)民族性与世界性的区别

公历具有鲜明的世界性,它并非只适用于亚洲等大陆季风气候的地区,而是对全球均有时间刻度的指导意义。相较而下,二十四节气呈现出鲜明的民族性,其背后蕴含着中华民族的文化表征。

二十四节气作为传统时间制度,是民众生产生活的重要参考,涵盖饮食养生、仪式信仰、节日庆典、民间文艺等各个方面。几乎每个节气都有丰富多彩的习俗活动,如奉祀神灵、崇宗敬祖、除凶祛恶、休闲娱乐。另有相关的时令庆典,如石阡说春、苗族赶秋、半山立夏节、壮族霜降节、三门祭冬等。围绕二十四节气的民俗活动还催生出许多文学作品,如杜甫的《立春》、白居易的《和梦得夏至忆苏州呈卢宾客》、蔡云的《吴歈》。同时,形成了丰富的养生习俗,如立春补肝、立夏补水、立秋滋阴润燥、立冬补阴等。相应地,基本节气发展出传统节气食物,并衍生出饮食文化,如在大地回春之际,以辛温食物发散藏伏之气,故古人"荐羔祭韭",以迎春、助阳;夏天高温潮湿,为防止"疰夏"之疾,故饮"七家茶"、食"立夏

[①] 朱文哲. 清末民初的纪年变革与历史时间的重构[J]. 史学理论研究, 2016(04): 67-159.

饭"，以达强身助力之目的。此外，国家设定节气日为国家法定节假日，成为构建中华民族集体记忆和文化认同的重要手段。

三、二十四节气与公历优势互补

二十四节气与公历各具优势，虽同为阳历，但两者存在的差异性，使得公历在传入深受二十四节气影响的亚洲国家时，遭遇重重阻力。二十四节气与公历的优势互补，促进了近现代亚洲国家的历法变革。

（一）两者在近现代亚洲历法变革中的优势互补：以中国为中心

前文已述及，古代日本深受中国二十四节气的影响。明治维新后，日本政府废除传统阴阳合历，开始采用西历。但新历法颁行受到很大阻碍，因为日本社会各阶层已经适应了传统的阴阳合历，尤其在需要传统历法指导的农村地区，反对的声浪更高。为缓和社会矛盾，明治七年（1874年）发行的《略本历》附上了日本七十二物候。总的来看，在中国二十四节气传入日本的1000多年中，二十四节气已经渗透日本各个领域，成为日本文化不可分割的一部分，至今在日本的法定假日里依然有"春分""秋分"两个源自二十四节气的假日。①这是公历和二十四节气优势互补的配合对近现代亚洲国家历法改革重要作用的一个典型缩影。

聚焦到中国,公历在近现代中国历法变革中曲折的传播接受史,正是其与二十四节气在中国近现代史上优势互补的集中体现。

从清代耶稣会传教士汤若望上呈《新法历书》到辛亥革命止,中国历法进入中西合法时期。②自中西海通以来,西洋历法逐渐以各种途径进入中国人的视野和日常生活,对阳历的认知也由此开启。魏源认为,相比中历,西洋历法着实有节气固定、误差小的优点,"照外洋历数定年,其每年二十四节气,分属每月每日,俱有一定之日,与中国之立春或在十月,或在正月者不同……盖至三千八百六十年后,始差足一日。此以日度定年,胜于以月度定年,有如是也。"③

1912年1月1日,孙中山在南京就任临时大总统后,正式通电各省"中华民国改用阳历,以黄帝纪元四千六百零

---

① 毕旭玲,汤猛. 重估中国二十四节气在人类历法体系中的地位[J]. 中原文化研究,2023,11(01):96-103.
② 崔振华,陈丹. 世界天文学史[M]. 长春:吉林教育出版社,1993:33.
③ 魏源. 西洋历法缘起[M]//魏源全集. 长沙:岳麓书社,1998:2251.

九年十一月十三日为中华民国元年元旦"①，从此中国历法进入公历时期。阳历变为官方使用的纪年方式，并以民国纪年代替了以往的皇帝年号纪年。中国以往的各种纪年法，均采用阴历，而中华民国纪年，虽以1912年纪元，不同于世界通行的阳历（公历），但月、日的计算完全与世界通行的阳历相同，这是中国纪年的重大变化，标志着中国纪年开始走向世界，走向大同。随后袁世凯和张勋先后复辟帝制，更改纪元，但都被人民彻底粉碎。②

"民国成立，将传统的阴历改为阳历，对民众的日常生活影响甚大。改用阳历是民国革故鼎新、万象更新之举，也是社会进步的标识和体现。但在推行阳历的过程中，阴历仍然占据着主导地位，民众除民国纪年外，对阳历并未完全接受，从而形成了历法问题上的'二元社会'：上层社会——政府机关、学校、民众团体、报馆等，基本上采用阳历；而下层民众——广大的农民、城市商民等，则仍沿用阴历"。③

中国旧历严格说来是阴阳合历，并非纯粹的阴历。它

---

① 孙中山. 临时大总统改历改元通电[M]//广东省社会科学院历史研究室, 中国社会科学院近代史研究所中华民国史研究室, 中山大学历史系孙中山研究室. 孙中山全集：第2卷. 北京：中华书局, 1982: 5.
② 唐凌. 历史年代学[M]. 桂林：广西师范大学出版社, 1992: 142.
③ 左玉河. 评民初历法上的二元社会[J]. 近代史研究, 2002 (03)：222-247. 值得注意的是，左玉河文中的"阴历"实际是指代中国的阴阳合历，即"夏历""农历""旧历"等。

之所以能沿用数千年，说明它自有"特长"之处。旧历最有价值的地方，恰恰在于它的岁时节令。这些岁时节令之所以有价值，是因为它与中国的农业社会密切相关："以农事言，二十四节气为农民所奉之圭臬；以水利言，朔望两弦，为航行所恃之指针，而三大节算账之制度，尤与中国经济组织有密切关系。"这些民俗文化，与中国农业社会相适应，与农民的日常农业生产相关联。如果中国以农立国的基本社会形态不改变，要根本变革这种民俗文化，显然是不可能的。既然阴历与中国农业社会的农业生产、经济组织、商业利益及民俗文化有如此密切的关系，它便具有相当顽强的生命力，阳历取代阴历绝非易事。[1]其原因，据湛晓白研究，节气在形式上确是中国旧历所独有的，是旧历的重要组成部分。民国时人多认为节气是旧历的特殊产物，废除了旧历，节气就无所依存。社会上对于节气的这种普遍误解，直接影响了阳历的推广和接受。[2]

但清末民初也有人已经认识到二十四节气可以脱离旧历独立存在，如改用阳历可使二十四节气日期更加固定，较旧历为佳，反更便于农事。1914年，皕诲言："今改阳历，则二十四节气随月而定，既有前后不出一二日，有此

---

[1] 左玉河.从"改正朔"到"废旧历"——阳历及其节日在民国时期的演变[J].民间文化论坛，2005（02）：62-68.
[2] 湛晓白.时间的社会文化史：近代中国时间制度与观念变迁研究[M].北京：社会科学文献出版社，2013：81-82.

定期，其于农时之便利不犹于胜阴历乎？"①1919年，林传甲则直言农民耕作需参照的历法就是阳历："天时民时，皆以农时为本。太阳历本于日躔，节气即阳历也。吾国农家播种收获，皆按节气为先后，是以国人实行阳历者，莫若农家，特百姓日用而不自知耳。"②1928年，国民党中央党部制定的《实行国历宣传大纲》中就指出了节气在阳历中相对固定的优势，认为使用阳历对农家极为便利。③

值得注意的是，进入20世纪后，西方世界兴起了一股改历思潮。1910年，英国伦敦召集了一次"万国历法改良"大会，会上提出了数十种修订格列高利历的方案。在国民政府正式参与世界改历运动之前，民间已有不少人在自发尝试设计新的改历方案，其中，就有姚大荣、王清穆等人设计的"节气历"。1912年，姚大荣在《中国学报》上发表《改历刍议》，提议摈弃朔望周期，改用节气为历法的基本元素。20世纪20年代，王清穆和张兆麟又分别进一步完善了姚大荣的这个方案。具体来说，节气历案，就是将一年分为春夏秋冬四季，以立春为岁首，并依次类推，以立夏、立秋、立冬为每季度之第一日，使季节完全以节气转移。节气历案采用定气，因此春夏秋冬四季所

---

① 皕海. 阳历与农时[J]. 进步, 1914, 7(2): 22-24.
② 林传甲. 大中华京师地理志[M]. 上海: 商务印书馆, 1919: 10.
③ 实行国历宣传大纲[J]. 中央周报, 1928(30): 36-42.

含日数各有长短,夏季最长为94日,冬季最短为88日或89日,春季和秋季分别为91日和92日。王氏认为改良之后的沈括十二气历,不用朔望周期,以节气为基点来划分年份,能保证"四季当按中国之春夏秋冬节气分之,时令常正,不相凌夺",最为接近西方阳历,又保有中国特色,是最合乎理想的历法。但是,节气历虽"理论上无可疵议",却也有明显缺点,不但"各月之日数,不甚平均(最多三十二日,最少二十九日)",季度之日差也多达4天。①总之,民国时期,公历在民间的推行并不顺利,二十四节气仍被广大民众奉为日常生活的时间指导。

1949年9月27日,中国人民政治协商会议第一届全体会议通过决议:"中华人民共和国的纪年采用公元。"②这一规定也使得"公历"的名称最终获得了官方认可,为其广泛传播创造了条件,自此公元纪年在中国纪年体系中的主导地位再次得到确认。中华人民共和国成立后,在采用公历的同时,考虑到人们生产、生活的实际需要,还颁行中国传统的农历。③但随着中国工业化和现代化的推进,农历

---

① 湛晓白. 时间的社会文化史:近代中国时间制度与观念变迁研究[M]. 北京:社会科学文献出版社,2013:88–92.
② 关于中华人民共和国国都、纪年、国歌、国旗的决议[M]//全国人大常委会办公厅、中共中央文献研究室编. 人民代表大会制度重要文献选编. 北京:中国民主法制出版社,2015:74.
③ 崔振华,陈丹. 世界天文学史[M]. 长春:吉林教育出版社,1993:33.

对社会的整体影响在逐步减弱。

（二）两者优势互补的表现

从公历在近现代亚洲国家接受史上的曲折过程可以看出，二十四节气在以农为主的国家民众生活中占据重要地位，两者优势互补，历法体系上互相配合，形成近现代中国以及日本等深受二十四节气影响的亚洲国家独特的二元社会场景。公历和二十四节气各具优势，前者具有纪年的连续性和方便性，使得历史数据的分析和比较更加直观和简便，后者融入农业生产与文化传统，反映出中华民族悠久的历史智慧。两者各有其优点和适用场景，互为补充，主要表现在以下四个方面：

1. 时间对应

二十四节气与公历互为补充，最鲜明的表现就是其时间对应关系。每个节气对应一个公元纪年日期，通过公历可以精准锁定节气的时间点（见表2）。

表2　二十四节气与公历对照表

春季	日期	夏季	日期	秋季	日期	冬季	日期
立春	2月3—5日	立夏	5月5—7日	立秋	8月7—9日	立冬	11月7—8日
雨水	2月18—20日	小满	5月20—22日	处暑	8月22—24日	小雪	11月22—23日

续表

春季	日期	夏季	日期	秋季	日期	冬季	日期
惊蛰	3月5—7日	芒种	6月5—7日	白露	9月7—9日	大雪	12月6—8日
春分	3月20—22日	夏至	6月21—22日	秋分	9月22—24日	冬至	12月21—23日
清明	4月4—6日	小暑	7月6—8日	寒露	10月8—9日	小寒	1月5—7日
谷雨	4月19—21日	大暑	7月22—24日	霜降	10月23—24日	大寒	1月20—21日

正如节气歌所言，"每月两节不变更，最多相差一两天。上半年来六廿一，下半年是八廿三"[①]，这体现了二十四节气所在日期和现行公历的对应关系，即上半年每月两个节气主要在当月的六日或二十一日，下半年每月两个节气主要在当月的八日或二十三日，最多也就是有一两天的出入。公历为判断节气提供日期参照，节气也在验证公历的连续性和准确性方面提供了佐证。

以立春为例。立春标志着冬春之交，一个阳历年的开始。在中国古代大部分历法中，立春日被视为元始，是一年之首。古人根据太阳在黄道上经度为315度的天文规律推算立春之时。但因回归年长度不统一，立春时间有浮动。到近代，天文学家根据准确的观测和计算，编制了立春对应公元年的准确日期表。这样只要查表便可得到一个公元

---

① 王如，杨承清. 中华民俗全鉴[M]. 北京：中国纺织出版社，2022：150.

年的立春时刻。这种公历与节气的精确对应，对农业生产、气象预测和节假日安排等都具有重要指导作用。

除立春外，其他节气如雨水、谷雨、夏至、冬至等也对应公历的特定日期范围，这些日期随着多年天文观测而逐步确定。雨水一般在2月18日至2月20日间，夏至在6月21日至6月22日间，按公元年日期可以确定每个节气时间。

随着科学技术的发展，人们可利用天文计算机软件，根据公历快速精确计算出一个年份的全部二十四节气日期，这对研究节气变化有重要意义。两者互为补充，共同反映出人类悠久的天文智慧。

2. 气候指标

二十四节气是根据季节变化特点设立的，每个节气代表一个阶段气候特征，通过节气可以大致判断当地气候。而公历为准确把握节气反映的气候提供了重要参考。以立夏为例，立夏意味着进入初夏，气温逐渐回暖，台风季节开始。中国不同地区立夏日期有所不同，但一般集中在公元年5月5日至5月7日。根据立夏这一标志，相关部门可以预判气候变化，做好夏季高温和台风的监测预警准备。如果某年立夏日期较晚，说明气温回升较慢；如果较早，则意味着气温升高将更剧烈。所以公元年份对确定立夏反映的气候具有指标作用。又如芒种在六月，代表着进入旱季，这一时节干燥少雨。政府可以根据公元年的芒种时间，提前安排水资源调度，作好防旱准备。如果某年芒种日期异常提前，预示着干旱来袭的风险加大。即二十四节气与公历建立了重要的气候指标对应关系。公历为判断节气反映的气候特征提供了统计分析的基础。

3. 文化传承

中国一些重要节日也与西方节日对应，具有文化交流意义。如春分与复活节接近，夏至与仲夏节相连，形成东西方文化节日的契合。

复活节是基督教的重要节日，用于纪念耶稣复活。其日期按春分后第一个满月的星期日确定，每年不同。复活节与中国的春分有某种神秘联系。"复活节"一词来源可能与巴比伦春季生育女神"伊什塔尔"有关。在英文圣经中，"复活节"曾被用于指称逾越节。逾越节也是犹太人在春季庆祝重生的节日。无论是基督教的复活节，还是犹太教的逾越节，日期计算都选择春分时间。这显示东西方文化在"重生"概念上有契合之处。在世界多个古老文明中，春分象征生命的新生和重生。仲夏节通常在6月21日左右庆祝，时间与夏至相近。在北欧地区，夏至标志着夏季的高峰期，大自然充满活力，人们开始收获农作物和享受温暖天气。仲夏节是人们庆祝丰收和生命力的时刻，同时也是传统宗教仪式和民间习俗的重要组成部分，特别是斯堪的纳维亚半岛的国家，如瑞典、挪威和芬兰，人们会举行各种庆祝活动，以表达对太阳和自然的崇敬。

即公历为解析二十四节气与传统文化的内在联系提供了时间参照，充分利用公历这一全人类共有的时间系统，有利于中华文化的发扬光大和世界文化的交流合作。

4. 统计研究

公历提供了统一连续的时间框架，使人类可以收集和统计几百上千年来节气的时间变化数据，建立相关模型，分析节气与气候变化之间的内在联系，这对推动气候科学研究具有重要意义。

一是公历连续统一。不同历法对同一年份的记述不尽相同，而公历为所有国家和地区所共同接受，提供了统一的年表。这样可以基于公历系统收集全球各地的节气和气候统计数据，进行横向对比。

二是公历时间跨度长。它起始于公元1年，至今已有2000多年。这使我们可以收集几百上千年来不同地区节气和气候的长期统计数据。并可以基于公元年份建立时间序列，观测一个地区节气时间的历史变化，如提前或推迟的趋势。

三是公历连续性好。它遵循阳历，年份连续稳定。这样有利于收集到完整和系统的统计数据，没有断层，更具可比性。如果基于断代的历法，其统计数据也会中断。

四是公历全球通用。来自不同国家和地区的节气数据可以基于同一公元年表进行整合和对比分析。这为建立节气与区域乃至全球气候变化模型提供了基础。公历为节气统计分析和气候变化研究提供了统一而连续的时间参照。充分利用这一优势，可以丰富气候科学研究的历史维度，有助于人类更深入地洞察自然规律，服务社会可持续发展。

四、小结

时间制度在人类文明进程中始终具有举足轻重的地位，是人类认识自然并逐渐掌握变化规律的具体体现。历法时间作为社会时间建构的重要形式之一，既见证了人类与自然世界关系的蜕变，又包含着社会意识蜕变的丰富内容。[①]

公历是现代国际通行的纪年体系，而二十四节气是中华优秀传统文化的鲜明标识。两者均属于阳历、以冬至为起点、对农业生活产生影响，都经历了不断发展完善的历程，且广泛影响到其他国家的历法体系。但二十四节气是中华智慧的原创，无宗教色彩，体现循环时间观，蕴含中华民族的文化表征；而公历是各文明融合的产物，有浓厚的基督教色彩，体现线性时间观，凸显世界性的特点。二

---

① 朱文哲. 科学与"党义"：国民历编订的争论及其意蕴[J]. 人文杂志, 2018 (07): 98-109.

者在近现代亚洲历法变革中各具优势，在时间对应、气候指标、文化传承、统计研究等方面互为补充，共同反映出人类的自然智慧。

二十四节气是中国人通过观察太阳周年运动而形成的时间知识体系及其实践，彰显着人与自然和谐相处的生产方式、生活态度、哲学思想和文化精神，体现中国人特有的宇宙观和自然观，是中国人对人类历法谱系的独特贡献。在中国，二十四节气沿用数千年，直至近代国势衰微时，时间制度主导地位才逐渐让位于公元纪年。重估二十四节气在人类历法体系中的地位，树立文化自信，有利于加快建设农业强国和推进中华民族伟大复兴。

第二节　二十四节气与东亚文化圈时间制度

学术意义上的东亚，包括东北亚和东南亚两大部分，涵盖中国、日本、朝鲜、韩国、蒙古国、菲律宾、文莱、印度尼西亚、马来西亚、新加坡、泰国、越南、老挝、缅甸、柬埔寨15个国家及俄罗斯在亚地区。东亚国家被世界主要文化界和史学界公认为以中国为中心向四周辐射的儒家文明板块。中国有5000多年的文明史，对周边国家的文明发展有着巨大影响，并形成了东亚儒家文明圈的历史传统。这些地区的国家和民族，自古以来长期相处，密切交往，彼此互动。而中国古代的时间系统和节日体系也曾对包括日本、越南、韩国、琉球群岛等在内的国家和地区产生过巨大影响[1]。本节主要选取东北亚地区的日本以及东南亚地区的越南为代表，对东亚文化圈的历法及岁时文化制度变迁进行考察。

一、东北亚地区的历法：以日本为中心的考察

无论是在古代或是今天，历法与岁时节日都密切相

---

[1] 刘晓峰. 时间与东亚古代世界[M]. 北京：社会科学文献出版社，2021.

关，如果要考察东亚地区岁时文化的形成与发展，考察东亚地区历法的历史就十分必要。强烈的大陆性和显著的季风性是东北亚地区气候的主要特征，不少国家和地区的农业耕作都面临着如何及时把握短暂农时的难题，因此，发轫于中国的二十四节气在东亚传播开后，得到了东亚地区不少国家民众的广泛认同。从7世纪开始，经由遣隋使、遣唐使的译介，包括二十四节气在内的中国传统阴阳合历进入日本。日本各地四季分明，稻作农业为主要经济生产方式之一，因此能够指导农业生产的二十四节气一经传入就受到了广泛欢迎。据统计，日本明治维新引入西历之前，使用过九部历书，前五部纯为中国历书，后四部是日本人在中国历书基础上改制的历书，被称为"和历"[1]。

依据《日本历学史》，日本的历法沿革大致可划分为四个阶段，即原始时期的自然历时代；行用中国历书的汉历东传时代；行用"和历"的历法进步时代；以及明治维新后世界历法共通时代。[2]

（一）自然历时代

通常认为，上古时期日本所使用的是以日月和物候为

---

[1] 毕旭玲, 汤猛. 重估中国二十四节气在人类历法体系中的地位[J]. 中原文化研究, 2023, 11(1): 96-103.
[2] 范为仁. 关于日本的二十四节气及其"杂节"文化的考察[C]//二十四节气国际学术研讨会论文集, 北京: 中国农业出版社, 2020.

参照的自然历。日本平安时期（794—1185年）的《古语拾遗》中提到："上古之世，未有文字。贵贱老少，口口相传。前言往行，存而不忘。"因为没有文字，日本民族历史上发生的事情都只能借助口耳相传得到保存。在此文化发展阶段，日本难以存在类似中国古代那样严密的历法，这一点在中国的古代典籍中可以找到佐证。《晋书·倭人传》中称"不知正岁四节，但计秋收之时，以为年纪"，《梁书·倭传》称"俗不知正岁"[1]。

（二）汉历东传时代

据《日本书纪》记载，钦明天皇十四年（553年）六月曾遣使百济，敕书中提及以前派遣来的历博士已经到期，要求派遣替代的人。同一敕书中还提到请百济送"卜书、历书、种种药物"。次年，又记载百济向日本派遣了"历博士固德王保孙"。但由百济派遣历博士到日本的制度成于何时，史无明文，不得而知。而日本从何时开始接受中国古代历法的影响也仍旧是个谜。有明确记载历法传入日本已经是半个世纪后的日本推古天皇十年（602年），这一年百济僧人观勒给日本带去了历本，日本朝廷还选派了阳胡史主玉陈跟随观勒学习历法。日本持统天皇四年（690年）开始并行使用元嘉历与仪凤历（见表3），但由于元

---

[1] 刘晓峰. 东亚的时间 岁时文化的比较研究[M]. 北京: 中华书局, 2007.

嘉历是中国南朝的历法，在中国当时就已经使用了250年之久，因此其累积的偏差也逐渐出现，再加上中国改朝换代为唐，日本为了促进与唐朝的友好往来，便很快结束了元嘉历和仪凤历并行使用，改为单独使用唐朝的仪凤历。此后三十年间，日本和唐朝使用相同的仪凤历。在唐代仪凤历也被称作麟德历。

表3　汉历东传时期日本的历法沿革情况

历法名称	中国历法来源情况	日本历法沿革情况	行用年数/年
元嘉历	南朝何承天	持统天皇四年（690年）	不详，曾与仪凤历并行使用
仪凤历	唐代李淳风	文武天皇元年（697年）	67
大衍历	唐代僧一行	天平宝字七年（764年）	94
五纪历	唐代郭献之	天安元年（858年）	4
宣明历	唐代徐昂	贞观三年（862年）	823

可见日本在相当长的时间内采用中国的历法，这意味着日本广泛接触中国古代岁时文化中的相关节日。二十四节气作为太阴太阳历的有益补充，在日本人民的日常生产生活中曾发挥巨大作用。以上这些从中国传入日本的历法，其与二十四节气的不同之处在于计算方法、月的大小（30日的月和29日的月）的排列，以及闰月所放的位置等。这些历法在日本颁布时都加注了根据阴阳五行说来判断吉凶祸福的历注。在科学知识不发达的年代，这些历法

尤其是历注指导了各时期人们的社会生活。①

（三）历法进步时代

江户时代的贞享二年（1685年），日本实行了历制改革。改革的背景是行用了823年的宣明历出现了严重误差。宣明历一个太阳年的长度为365.2446天，这个数值和现在已知的数值365.2422天相比较，误差仅有0.0024天。但过了860年，其误差累积则达到2天左右。"天行两日之误"导致黄道上现实里的太阳位置与预报比较迟缓2天，大约2度，即会产生相当于太阳直径约4倍的误差。这个误差对当时历法本身几乎没有影响，发生影响的是日食、月食的预报。据考证，当时日本认为日食是一种"太阳的病"，天皇在那一天需要停止一切政务，为了避开日食而进行祈祷。可是如果历法预报不准时，朝廷政务就无法顺利安排，当时日本的一些历法学家了解到中国元朝所使用的是授时历，曾试着用授时历计算日食，但一度出现了失败。之后经过不断的实地观测，日本历法学家以京都为基点进行计算，把以前中国历法中未加顾及的里差（经度差）考虑进去，重新制作了由日本人加以创新的大和历（见表4），日本的历法因此取得了重大进步。

---

① 方兰. 从日本历学看日本的二十四节气文化流变[J]. 河南教育学院学报（哲学社会科学版），2018，37(6)：9.

表4 贞享改历后日本的历法沿革情况

历法名称	日本历法做成者	日本历法沿革情况	行用年数
贞享历	涩川春海	贞享元年（1684）	70
宝历历	安倍泰邦等	宝历四年（1754）	43
宽政历	高桥至时等	宽政九年（1797）	47
天保历	涩川景佑等	天保十五年（1844）	28

大和历在贞享元年（1684年）十月二十九日被采用，定名为贞享历（如图1所示）。贞享改历后，日本幕府对全国历法的统一作了严格规定，如果不按官方的历法制作历书会被取消销售资格，没收财产等。贞享历共延续使用了70年的时间。

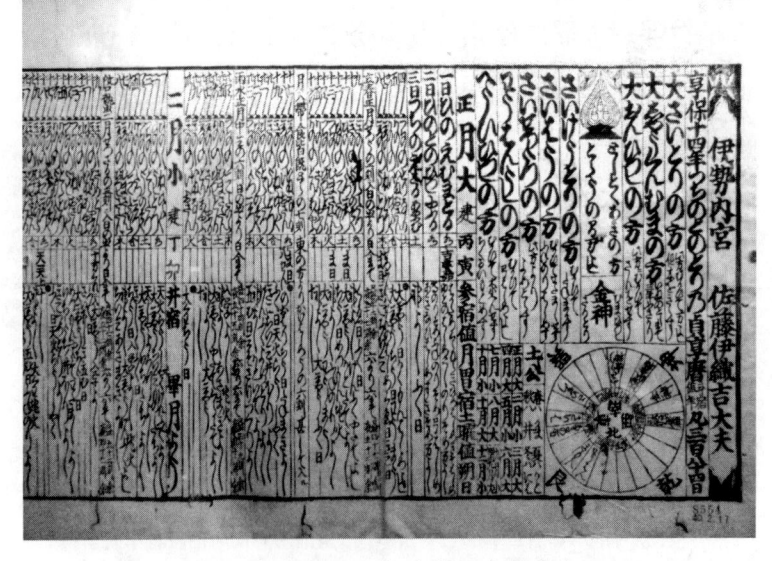

图1　贞享历1729年（享保十四年）版

宝历四年（1754年），宝历历（如图2所示）被采用。由于宝历历推行效果不太理想，宽政九年（1797年）就被宽政历（如图3所示）取代了。

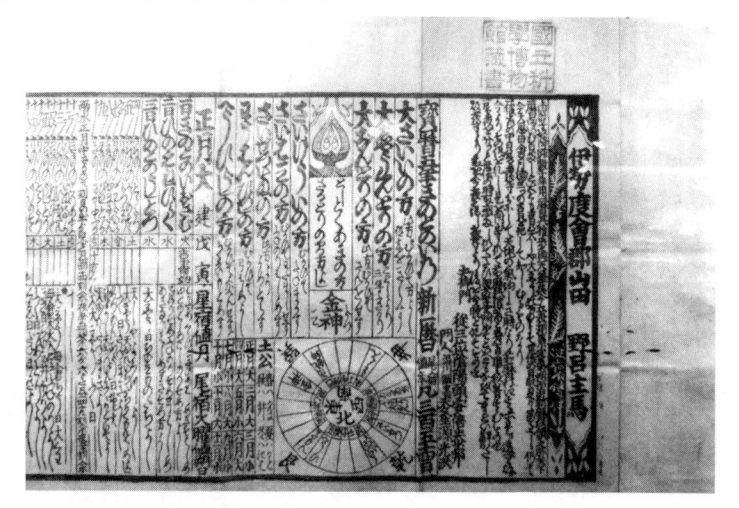

图2　宝历历1755年（宝历五年）版

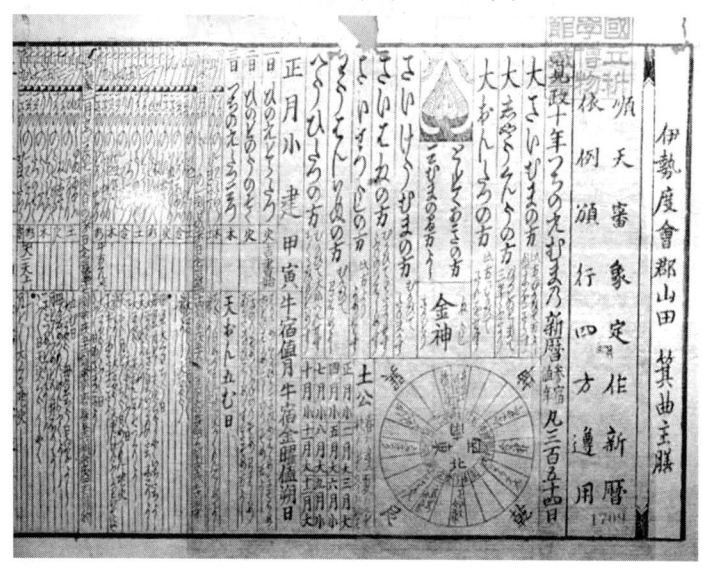

图3　宽政历1798年（宽政十年）版

八代将军德川吉宗引入了西方的天文知识后，于天保十五年（弘化元年，1844年）开始采用涩川景佑编的天保历。

此外，大和历的制作者涩川春海主持了将中国的七十二候按照日本的气候风土特点进行修改的工作，编撰《本朝七十二候》一书。将二十四节气按照大约每五天为一分，每个节气划分为三个时期，形成了七十二候。七十二候的名称都是体现气象动向以及动植物变化的短句，例如"雉入大水为蜃"等。表5是将中国宣明历与日本明治七年（1874年）略本历相比较，可以看出不同于以往的照搬使用，日本在七十二物候方面还是作出了一定调整。

表5　中国宣明历与日本略本历七十二候比较

二十四节气	候	宣明历（中国）名称	略本历（日本）名称
立春	初候	东风解冻	东风解冻
	次候	蛰虫始振	黄莺睍睆
	末候	鱼陟负冰	鱼上冰
雨水	初候	獭祭鱼	土脉润起
	次候	鸿雁来	霞始靆
	末候	草木萌动	草木萌动
惊蛰	初候	桃始华	蛰虫启户
	次候	仓庚鸣	桃始笑
	末候	鹰化为鸠	菜虫化蝶

续表

二十四节气	候	宣明历（中国）名称	略本历（日本）名称
春分	初候	玄鸟至	雀始巢
春分	次候	雷乃发声	樱始开
春分	末候	始电	雷乃发声
清明	初候	桐始华	玄鸟至
清明	次候	田鼠化鴽	鸿雁北
清明	末候	虹始见	虹始见
谷雨	初候	萍始生	葭始生
谷雨	次候	鸣鸠拂羽	霜止出苗
谷雨	末候	戴胜降于桑	牡丹华
立夏	初候	蝼蝈鸣	蛙始鸣
立夏	次候	蚯蚓出	蚯蚓出
立夏	末候	王瓜生	竹笋生
小满	初候	苦菜秀	蚕起食桑
小满	次候	靡草死	红花荣
小满	末候	麦秋至	麦秋至
芒种	初候	螳螂生	螳螂生
芒种	次候	鵙始鸣	腐草为萤
芒种	末候	反舌无声	梅子黄
夏至	初候	鹿角解	乃东枯
夏至	次候	蜩始鸣	菖蒲华
夏至	末候	半夏生	半夏生
小暑	初候	温风至	温风至
小暑	次候	蟋蟀居壁	莲始开
小暑	末候	鹰始挚	鹰乃学习
大暑	初候	腐草为萤	桐始结花
大暑	次候	土润溽暑	土润溽暑
大暑	末候	大雨时行	大雨时行

续表

二十四节气	候	宣明历（中国）名称	略本历（日本）名称
立秋	初候	凉风至	凉风至
	次候	白露降	寒蝉鸣
	末候	寒蝉鸣	蒙雾升降
处暑	初候	鹰乃祭鸟	绵柎开
	次候	天地始肃	天地始肃
	末候	禾乃登	禾乃登
白露	初候	鸿雁来	草露白
	次候	玄鸟归	鹡鸰鸣
	末候	群鸟养羞	玄鸟去
秋分	初候	雷始收声	雷乃收声
	次候	蛰虫坯户	蛰虫坯户
	末候	水始涸	水始涸
寒露	初候	鸿雁来宾	鸿雁来
	次候	雀入大水为蛤	菊花开
	末候	菊有黄华	蟋蟀在户
霜降	初候	豺祭兽	霜始降
	次候	草木黄落	云时施
	末候	蛰虫咸俯	枫蔦黄
立冬	初候	水始冰	山茶始开
	次候	地始冻	地始冻
	末候	雉入大水为蜃	金盏香
小雪	初候	虹藏不见	虹藏不见
	次候	天气上升	朔风拂叶
	末候	闭塞成冬	橘始黄
大雪	初候	鹖鴠不鸣	闭塞成冬
	次候	虎始交	熊蛰穴
	末候	荔挺出	鳜鱼群

续表

二十四节气	候	宣明历（中国）名称	略本历（日本）名称
冬至	初候	蚯蚓结	乃东生
冬至	次候	麋角解	麋角解
冬至	末候	水泉动	雪下出麦
小寒	初候	雁北乡	芹乃荣
小寒	次候	鹊始巢	水泉动
小寒	末候	雉始鸲	雉始雊
大寒	初候	鸡始乳	款冬华
大寒	次候	鸷鸟厉疾	水泽腹坚
大寒	末候	水泽腹坚	鸡始乳

除了七十二候，涩川春海还在贞享历历注里追加了日本特有的杂节。如"八十八夜"（告知人们降霜结束的日子）和"二百十日"（以前的伊势，现在的日本三重县的传统习俗，告知人们台风来袭，出海危险）等。原本"八十八夜""二百十日"是日本地方历"伊势历"所采用的历注，贞享二年改历时没有采用，后在伊势历历师的建议下，于贞享三年予以追加，同时还追加了"入梅"为杂节。以下对日本根据本国特点制定的杂节作一个简单介绍（见表6）。

表6 二十四节气与日本的主要杂节

杂节名称	日期
节分	立春前日（2月3日左右）
彼岸	以春分与秋分为中间日的前后7天
社日	最接近春分与秋分的戊日
八十八夜	立春之后的第88天（5月2日左右）
入梅	立春之后的第135天（6月11日左右）
半夏生	夏至之后的第11天（7月2日左右）
土用	立春、立夏、立秋、立冬之前的18天
二百十日	立春之后的第210天（9月1日左右）
二百二十日	立春之后的第220天（9月11日左右）

节分。旧历以立春、立夏、立秋、立冬为四季各季之始，其前一天为上个季节的最后一天，相当于季节变换之日，故将此日称为节分。按理说节分一年四季有四次，但日历上仅记载立春前一日的节分。这是因为大寒结束，从翌日起就进入春天，一般是阳历的2月3日前后。在太阴太阳历里此日是二十四节气结束，一个轮回一年到头之日，故其前一日便具有除夕的特征。为了驱鬼防灾，家庭或者寺院要举行多种仪式，如撒驱鬼豆以驱鬼等。

彼岸。3月17日至23日前后、9月19日至25日前后；分别指春分和秋分的前后3天，共计7天。

社日。一年里有两次，离春分和秋分最近的戊日。在春天供奉五谷的种子祈祷五谷丰登，在秋天举行感谢丰收的礼仪。

八十八夜。5月2日前后,从立春之日算起的第88天。自此以后无霜,可开始农田耕作和采茶等。

入梅。进入梅雨期。日历上为太阳经过黄经80度的日子,大约为6月11日或12日。日本以夏至为中心的大约30天至40天期间为梅雨期。

半夏生。意为半夏发芽的时期,日本的小节气之一。夏至后第11天7月2日前后。时值梅雨期终了,播种结束的大致日期。

土用。立春、立夏、立秋、立冬前18天。一般多将立秋前的暑伏头一天称为土用,最后一天称为节分。"土用丑之日"日本有食用名带"う"的食物(如鳗鱼)的习俗,施灸以消暑。

二百十日。日本杂节之一。9月1日前后,从立春算起的第210天。时值水稻的开花期,需要戒备台风。

二百二十日。从立春算起的第220天,9月11日前后。与杂节二百十日均处在台风多发时期。

(四)历法共通时代

在长达1400多年的岁月里,日本人民在消化、吸收二十四节气的基础上,形成了日本独特的节气文化。明治五年(1872年),公历(日本现在通常称之为"新历")取代了日本旧有的太阴太阳历,但二十四节气及"杂节"

文化已经成为日本传统文化的一部分。比如，在日本的法定节假日里仍存有"春分"和"秋分"这两个与二十四节气有关的假日。二十四节气传入日本至今，随着日本人边调整，边实践应用，已然渗透进日本各个领域，在日本现有的节日及历法中应用广泛。日本节日及历法包括国民祝日与休日、年中行事·节句、二十四节气、杂节等，综合指导着日本人的生活、农事等各个方面。昭和二十三年（1948年）七月二十日，日本公布了"国民祝日法"，并即日实施，代替旧有的"皇家祝祭日"体系。"国民祝日法"实施最初规定的节日共有9个。日本"国民祝日法"首先废止了"元始祭（1月3日）、新年宴会（1月5日）、纪元节（2月11日）、神武天皇祭（4月3日）、神尝祭（10月17日）、大正天皇祭（又称先帝祭，12月25日）"。其次，将原有的一些节日进行改称，将"春季皇灵祭"改称"春分日"，将"天长节"（4月29日）改称"天皇诞生日"，将"秋季皇灵祭"改称"秋分日"，将"明治节"（11月3日）改称"文化日"，将"新尝祭"（11月23日）改称"勤劳感谢日"。新宪法下的国民祝日继承了已有的"祝祭日"日期的一部分，哀悼先帝驾崩的祭日、春秋皇灵祭等天皇灵祭日的意识衰退，取而代之的是以祝贺国民的成长或健康为宗旨的日子或纪念日被设定为国民祝日。其中，春分日与秋分日为歌颂自然与尊重祖先的日子。除法定祝日，民间传承的节日也有与二十四节气有着直接关联的节日（见表7）。[①]

表7　日本民间传承的节日

月份	节句	主要内容
1月	7日人日	食七草粥
	15日小正月	相对于元日大正月而言，食小豆粥，预祝丰收
2月	6日初午	旧历二月农耕开始。立春后最初的午日，一年中运气最好的日子
3月	3日桃节句	原上巳节，现女孩节"雏祭"，供奉桃花
5月	5日端午节句	端午节，国民祝日中为"儿童日"，民间为"男孩节"
7月	7日七夕	"七夕祭"，也叫"星祭"
	15日盂兰盆	祖先祭祀和祈求丰收等结合
8月	15日盂兰盆	由于使用太阳历，晚一个月举行的盂兰盆节逐渐普及全国
9月	9日重阳节句	宫廷饮菊花酒，观菊宴；民间吃栗子饭
	15日十五夜	旧历8月15日，新历9月15日，中秋赏月
10月	13日十三夜	赏月，秋季收获季
11月	15日七五三	3岁、5岁男孩与3岁、7岁女孩神社参拜，祈求健康成长
12月	13日新年准备	扫除，新年准备工作开始

从以上四个时代日本岁时文化的流变来看，日本岁时文化融合了中日两国的祖先对宇宙和自然运行规律的观察和掌握，成为长期用来指导日本人民生产生活的一种实用的自然文化。日本岁时文化也深刻反映着中国对日本社会

---

① 毕雪飞. 二十四节气在日本的传播与实践应用[J]. 文化遗产, 2017（2）: 10.

历史文化的影响，并表现出其独特的岛国自然气候特点及社会历史文化属性。到了近代，日本岁时文化的个体性文化特征日渐明显，成为超越自然文化和社会历史文化的个人节气生活方式指南，这对于岁时文化的生命力以及岁时文化在现代化社会的保护和传承起着重要作用。

东北亚地区除日本外，朝鲜半岛大约在东周时期得到了从中原地区传入的中国历法。在不断学习中国历法的基础上，朝鲜半岛国家建立了自己的历法编纂机构，其先后被命名为太仆监、司天台、司天监、观候署等，最著名的机构是高丽时代的书云观，其名称来自《左传·僖公五年》中"凡分至启闭，必书云物，为备故也"一句。"分至启闭"即春分、秋分、夏至、冬至四个平分太阳年的重要节气，指代所有节气。高丽历法编纂机构以与节气相关的词语为其名称，体现出朝鲜半岛政权对指导农业生产的二十四节气的重视。

二、东南亚地区的历法：以越南为中心的考察

东南亚大致分为两个部分，即东南亚大陆和岛屿东南亚（又称印马群岛）。陆地东南亚又分为两部分：一部分是越南，中国对其影响大于印度；另一部分包括缅甸、柬埔寨、老挝和泰国，印度对其影响较大。马来半岛在地理上属于东南亚大陆的一部分，但在文化上更接近于东南亚

岛屿。特殊的地理位置，以及历史上不同种群、语言、宗教、政治、经济形态在此交汇碰撞，形成了这一地区多文化圈交叠的景象，各国的历法之间也有着不小的区别。东南亚各国的历法与农历或印度历相似，都属阴阳历。老挝、柬埔寨、泰国和缅甸的历法，同时受到印度和中国的影响，采用与佛教相关的纪年起点，引入了和中国相近的60干支或60周期纪年法，比如据《新唐书·南蛮传》等文献记载，754年南诏王阁罗凤击溃骠国（即缅甸）军队，骠国归附，于贞元十八年（802年）遣使至唐，献上其国乐，奉唐正朔。即缅甸从802年起，以夏正建寅之月为其历法正月。白居易的新乐府诗《骠国乐》中提到了骠国遣使到唐朝进贡，并献国乐十二曲与乐工三十五人之事，其中有"雍羌之子舒难陀，来献南音奉正朔"一句。

越南与中原地区交往较早，文化、政治、经济各方面受古代中国影响较深，其中便包括历法。越南南部的占婆最初使用印度历，后在越南伊斯兰教的影响下，又融入了农历和回历的一些传统。

据《元史》记载，1265年，越南陈朝第六代君主陈宪宗得到中国历法，然而当时作为中国最优秀的传统历法之一的《授时历》尚未问世，中国仍在使用金朝的《大明历》。《大越史记全书》（*Dai-Viet su-ky toan-thu*）称，元统二年（1334年），元朝廷派遣官员出使安南，将《授时历》赐给安南陈朝宪宗，此后安南历朝开始使用中国历法。在中国二十四节气的影响下，越南传统历法以冬至为岁元，将从冬至到第二年冬至定为一年，并依据二十四节气划分四季。1841年开始，越南当地历法和中国《时宪历》因为经纬度不同而出现差异，1985年是越南历法和中国历法差异较大的少数年份之一，越南新年比中国新年早了一个月。[1]

此外，越南历法与中国二十四节气在节日风俗上也有一些相似共通之处。

（一）籍田节与立春

籍田节于农历每年正月初七举行，籍田节上越南民众模仿古代皇帝下田耕地，为新一年的耕种季祈求风调雨顺、五谷丰登。籍田节的主要活动是再现黎大行皇帝新春籍田的场景。皇帝籍田旨在体现皇帝与民同甘共苦，了解并分担民艰、鼓励农耕，使人民得温饱、国家得太平。

据《越史略》记载，越南前黎朝开国皇帝黎大行模仿宋代皇帝的籍耕礼，于987年春节在维先县举行籍田礼，这是越南历史上首次举行籍田礼。这一举动开启了越南稻作文明新的历史篇章，并成为世代流传的美好风俗的发端。

---

[1] YADAY B.S., MOHAN M. Ancient Indian Leaps into Mathematics[M]. Birkhäuser Boston, 2011: 193–200.

初春之际，皇帝参加祭祀仪式祈求一年风调雨顺、五谷丰登，并亲自下田耕地，开启新的水稻耕种季节。之后越南历朝历代的帝王每年春节都会举行籍田礼，祈求国泰民安、风调雨顺。然而，1945年，越南末代皇帝保大退位后，越南帝王籍田礼就消失了，直到2008年越南河南省维先县恢复举行籍田节，这项越南的传统春季民俗活动才得以恢复。

在中国，春耕仪式是立春节气重要的活动之一。立春这一天，农民会前往田地进行"踩地""祭地"等活动，表达对这块土地的敬畏及感恩。祭土地是春耕仪式的核心活动之一。这项仪式可能每个地区和民族多少有所不同，但通常都是通过祭拜神明、献上美食来感谢土地，以期今年获得大丰收。除祭土地外，民俗活动里还会有如祭祀新年神明、拜舞神、庆祝佛诞等其他的春耕仪式，但大体上，这些仪式的共同点都是表达感恩和祈愿，以期获得神明的保佑。在时间上，中国立春的春耕仪式与越南的籍田节都在初春时节，在仪式的内容上，同样也有不少相似之处。

（二）越南岱族、侬族新米节与立秋

新米节是越南岱族、侬族很典型的稻作节日，目的为庆祝丰收，感恩祖先的保佑和恩泽，并希望祖先保佑来年风调雨顺，身体健康。新谷收获之后，人们会组织一个小型的祭祀仪式来祭拜田地神、稻神。用新米煮成的米饭供祭神灵及祖先。在岱族新米节的传说中，狗是拯救岱族人的英雄，所以每逢节日，人们会把狗视为上宾，新米饭煮出来，先让狗尝过后，人才能开席。岱族、侬族举行新米节的日期因地方而不同，一般是阴历八月中旬至十月初十之间。新米节一般持续3天至5天，包括前期准备、祭田、举行供新米饭共三个仪式。一般是以家庭为单位组织，或同宗族的家庭一起联合；祭田祭品丰富多样，但新米饭仪式最为隆重，当稻谷开始成熟时，摘几枝稻穗挂在祖先神龛上，寓意请祖先回来鉴证。[①]

立秋中国民间有祭祀土地神，庆祝丰收的习俗。古时民间在立秋收成之后，会挑选一个黄道吉日，一方面祭拜感谢上苍与祖先的庇佑，另一方面则品尝新收成的米谷，以庆祝辛勤换来的收获。此外民间还有在"立秋"这天"贴秋膘""咬秋""啃秋"等习俗。由此来看，新米节的习俗与中国立秋传统习俗也有不少共通之处。

三、小结

如前所述，中国传统历法及岁时文化与日本文明的发展相伴而行。对日本文明而言，它既是外来的，又是传统

[①] 覃肖华. 越南岱、侬族新米节习俗研究[J]. 开封教育学院学报, 2019(3): 3.

的，已与汉字一并成为日本的文化基因，形成了一些独具日本特色的岁时文化。中国传统历法与节日文化传入越南之后，在当地文化环境中进行了适应性变化。而文化的发展就是这样一个流动的适应、变化，到变异成新文化的过程。与此同时，以"年"为周期认知季节的转变，依据时间节点进行农耕活动，举办因血缘而结合的家族氏族共同体的岁时文化相关的祭典活动，这些民俗仍然作为现今生活的重要部分被延续下来，维系着各地区社会的发展。可见，中国传统历法与岁时文化传入东亚各国之后，经过多年的渗透与吸收，对东亚各国在农业生产上的指导，与当地节日、民俗的融合，以及融入生活方式与习俗等方面产生了深远的影响。最终形成了以东亚诸国文化为基础而又带有中华文化色彩的独特风格。

第三节　二十四节气与伊朗历

中国伊朗学奠基人叶奕良教授指出：今日的伊朗是一个伊斯兰国家。但是，在伊朗的历史上，只在652年以后，即伊朗被阿拉伯穆斯林征服并皈依伊斯兰教之后，它才开始使用伊斯兰历阴历。

古伊朗无统一的历法记载，故伊朗历法最初出现的确切日期不得而知。每位国王均把自己登基之年定为纪元开始，这种情况一直持续到阿拉伯穆斯林征服伊朗时（652年）。自此直至1079年（即伊斯兰历阴历471年），伊朗通用伊斯兰历阴历。此后至1925年（伊斯兰历阴历1343年）期间，伊朗分别沿用过加劳利历等历法。1925年（伊斯兰历阴历1343年），伊朗通过法令宣布在全国使用伊斯兰历阳历。此历沿用至今。[①]

一、伊朗历的发展源流

伊朗历法源远流长，几千年间有不下十种历法曾被使

---

① 叶奕良. 伊朗历法纵谈[C]//北京大学东方文化研究所编. 东方研究. 北京: 蓝天出版社, 1998: 1–2.

用。据叶奕良研究，伊朗历史上使用的历法有阿维斯塔伊历（旧历）、阿维斯塔伊历（新历）、帕尔梯历、哈劳奇历、加劳利历（亦称马立基历或马立克肖希历）、伊利汗历（亦称高藏尼历）、伊朗新历（伊斯兰历阳历——黑吉里·夏姆西历）、伊斯兰历阴历（黑吉里·卡玛利历）、王历（肖亨肖希历）等。①

有据可查的最早伊朗历法当推在伊朗比锡通发现的碑碣上的记载（属阿维斯塔伊历——旧历）。该碑碣系古代波斯哈豪曼尼西王朝（即古波斯帝国）大流士一世（前521—前486年）所竖。由碑铭可知伊朗早在公元前6世纪便已有相当稳定的历法存在了。②

阿维斯塔伊历（旧历）在性质和细节上均类似古埃及历法，其中有些方面还吸取了巴比伦历法和亚述历法的特点，此历实际上是一种阴阳历。起初规定每年的夏至为一年开始，后由于民族迁徙和气候等因素，伊朗人把每年元旦日移至春分日。元旦日定在春分日这点与古代印度历法及古代雅典历法近似。该历每年有360日，分12个月，每月为30天，每隔6年置闰一个月，这第十三月加在置闰年的第六个月之后。古波斯帝国冈比西斯征服埃及后，吸收和学

---

① 叶奕良. 伊朗历法纵谈[C]//北京大学东方文化研究所编. 东方研究. 北京：蓝天出版社, 1998: 2-11.
② 叶奕良. 伊朗历法纵谈[C]//北京大学东方文化研究所编. 东方研究. 北京：蓝天出版社, 1998: 1.

习古埃及文明，尤其是在大流士一世进行改革后，伊朗人便采用了古埃及的既简便又有规律的近似阳历的历法，这便是阿维斯塔伊历（新历）。

阿维斯塔伊历（新历）是伊斯兰教征服伊朗前在伊朗流行的历法。该历至少在萨珊王朝时通用，每年有365日，1年有12个月，每月有30日，共360日，余下5日置于每年最后一个月之后。此历定每120年或116年置闰一次，置闰之年共有13个月。在平年时，每年12月，每月30天，共360天，剩下的5天加在120年中轮到的置闰月份之后。但实际上阳历历法每年应有365.2422天，故按此历差不多每4年便少1天，更精确地说是每过128年便比实际阳历要少31天，这样每年的元旦便游移不定了。例如萨珊王朝末代皇帝耶兹苟尔德三世，即波斯王伊嗣俟三世（Yazdegerd III）登基的那年（632年），伊朗历的元旦按计算已是春天的第91天了。

该历除与阿维斯塔伊历（旧历）一样受到埃及、巴比伦和亚述历法的影响，还具有明显的琐罗亚斯德教（即袄教或拜火教）的宗教色彩。由于该历与袄教关系密切，在萨珊王朝溃亡后，阿拉伯人便废除此历。但此历的影响仍然很大。

耶兹苟尔德三世于632年登基并改历，波斯历由此而来。波斯历为阳历，以伊嗣俟为纪元，它的元年1月1日相当于632年6月16日，同回历纪元相差3624天。波斯历一年365天，分为12个月，每月30天，在伊嗣俟纪元375年（1006年）时，曾把每年多余的5天，放在12月末。它的每天也有专名，有些日名和月的专名相同。①

此后，伊朗在艾希克尼扬王朝（古安息）时使用苏罗基历、帕尔梯历。然而，7世纪中叶，阿拉伯帝国征服伊朗后引入回历（伊斯兰历阴历），这与传统的伊朗历法相去甚远。

伊斯兰教历（阴历）不依季节而定的特点给农牧业及征收税款等工作带来许多不便。为此，伊朗塞尔柱王朝的加拉尔·杜莱·马立克肖国王于伊斯兰历阴历467年（1074年）下令由包括奥马尔·海亚姆（Omar Khayyam）在内的8名天文学家着手改革历法，1079年制定了加劳利历（Jalaali），又称马立基历或马立克肖希历。公历是每3330年相差一天，而加劳利历则是每隔3770年才差一天，故该历被认为是世界上最为精确的历法之一。②

加劳利历以春分为岁首，采用多种置闰周期，以适应太阳周年视运动的变化。1个月的长度可能在29天到32天之间浮动，需要根据天文观测进行不断修正（见表8）。然

---

① 陈遵妫.中国天文学史：第3册[M].上海：上海人民出版社，1984：1566-1567.

② 叶奕良.伊朗历法纵谈[C]//北京大学东方文化研究所编.东方研究.北京：蓝天出版社，1998：4-7.

而，加劳利历的规则复杂烦琐。后来，伊朗人制定了伊朗回历，其准确性仍远超公历，每年根据天文观测进行调整。

表8　1583—2500年期间的伊朗春分日期

三月日期	出现频率/次	百分比/%
18	0	0
19	33	3.6
20	584	63.6
21	301	32.8
22	0	0

伊朗巴列维王朝执政后，于1925年3月31日通过法令规定伊朗新历为伊朗正式历法。新历以622年（穆罕默德从麦加出发前往麦地那的年份）作为纪元元年，将每年第一天定为春分，并规定了月份名称和每个月天数。伊朗新历虽在法令作用下得到普遍推广，但在百姓中，关于宗教习俗和礼仪等事务上仍习惯沿用伊斯兰历阴历。

阿富汗也在1957年采用了伊朗新历。与伊朗官方日历不同之处在于，月份名称仍采用传统的阿拉伯语而非伊朗在1925年引入的新名称。值得注意的是，伊朗历年的第一天始于北半球春分的午夜时刻，根据午时太阳高度的观测结果确定。如果在连续两个中午之间太阳高度超过天球赤道高度，第一个中午为一年的最后一天，第二个中午则为新年的开始。[①]

二、伊朗历对农业生产生活与文化产生的影响

伊朗作为一个农业国家，其历法不仅折射出国家历史和文化的多样性，更对农业生产、农学理论产生着重要影响。

（一）帮助农民安排农业活动

历法的制定系人类在历史长河中对自然界规律认识的总结。最原始的历法便是按季节来划分的。伊朗古代游牧者中已有冰雪消融季节、鲜花盛开季节和飞禽交配季节等不同季节名称。

但是真正意义上的历法是在人类定居并从事农业生产以后才出现的。因为农人在长期的生活劳动中发现播种等农务季节每年均按时重复出现。例如，在大流士碑碣中，记有一年中春季、秋季和冬季9个月的名称（碑中无夏季3个月的名称记载）。再如，哈劳奇历即历法帮助农民安排农业活动的另一典型事例。哈劳奇，在阿拉伯语中即"赋税"之意，当时规定在诺鲁孜日交付赋税。但是由于该日游移不定，给收缴税捐带来很大困难。为此，穆塔瓦柯尔

[①] HEYDARI-MALAYERI M. A Concise Review of the Iranian Calendar [J]. 2004.

下令由伊朗原来的琐罗亚斯德僧侣与其他天文学者一起精确计算，将诺鲁孜日固定下来，哈劳奇历应运而生。该历于伊斯兰历阴历3世纪至8世纪时流行，是一种财政年度用历①，为百姓的农业活动提供了重要指引。

伊朗新历和世界其他主要历法一样，将一年划分为四个季节：春季（راهب）、夏季（تابستان）、秋季（پاییز）和冬季（زمستان）。

春季是伊朗历法中的第一个季节。春季对播种十分重要，农民需积极准备耕作和犁地，为后续的种植季作好准备，确保作物在适宜的气候条件下生长，并最大限度地提高产量。此外，农民开始播种各种作物，如小麦、大麦、大豆和蔬菜。

夏季是作物的生长和灌溉的季节。这个时期日照充足、气温适中，对作物的健康生长至关重要。同时，作物在夏天迎来生长高峰，在长时间的光照下，农民精心灌溉和照料作物，确保它们获得足够的水分和养分，并为未来的收获打下坚实的基础。

秋季是收获和丰收的时节，更是农业经济发展的关键时期。伊朗的秋季气候宜人，为农民提供了丰收的理想条件。农民的辛勤努力得到回馈，他们收获成熟小麦、大

---

① 叶奕良.伊朗历法纵谈[C]//北京大学东方文化研究所编.东方研究.北京：蓝天出版社，1998：1-6.

麦、玉米、水果和蔬菜等作物，迎接丰收的喜悦。

冬季是农田休耕和准备下一轮种植的时间。农民在冬季通常不进行主要的作物种植或收获活动，而是利用这段时间来培肥地力，让耕地"休养生息"。此外，农民也可以进行畜牧业等其他农业活动，使农业经济结构呈现多样化。

伊朗历法为农民提供了一个明确的时间框架，协助他们合理安排农事活动，最大限度地利用气候和自然资源，提高农作物的产量和质量。这种季节性的划分反映了伊朗历法在农业领域的实际应用，以满足农业生产的需求，确保食品供应，同时也体现了农业在伊朗社会和文化中的重要性。

（二）与农业节日及其仪式紧密关联

伊朗历确保了官方假期和休息日的稳定，帮助人们合理安排工作、学习和休息时间。伊朗历法与农业节日及其仪式紧密相连，这些节日和仪式在伊朗农村社会中具有深远的文化和社会意义。[1]

伊朗历法中安排了众多农业节日，充分体现出农民的喜悦和感恩。前文提及的"诺鲁孜"（Norouz，又译为

---

[1] BORRONI, MASSIMILIANO. Iranian Festivals and Political Discourse under the Abbasids[J]. Annali di Ca' Foscari: Serie Orientale, 2015, 51(1).

"诺乌鲁孜""纳鲁孜""努鲁孜"等）是最重要的农业节日之一，也被称为伊朗的春节。该词源于波斯语نوروز，由"诺"（新）、"鲁孜"（日）两个词组成，意为"新的一日"，即代表新年的开始。诺鲁孜在古代伊朗历每年元旦（通常是3月21日）至13日期间，严寒离去、万物复苏，人们迎来春耕。其间每家会野餐、拜访亲友，享受自然之乐。

相传，伊朗人的祖先古阿里亚人将一年分成暖季和冷季两个季节。暖季之初，人们把畜群从畜圈放牧至水草茂盛的牧场；冷季开始又把畜群赶回畜圈里。暖季和冷季的第一天都是节日，暖季首日为"勃哈尔节"（即春天节），为诺鲁孜的前身，这正深刻体现伊朗作为传统农牧业国家的特性。人们早在古波斯帝国阿契美尼德王朝时代就已开始欢度诺鲁孜，到了塞尔柱王朝时，诺鲁孜被正式固定作为伊朗举国欢庆的新年，后被突厥语系民族沿用至今。当前全球有超3亿人共同庆祝诺鲁孜，至少还有15个国家将其定为国家节日[①]。

特别是东部伊朗人进入农耕定居生活后，他们的庆典节日拜神仪式与季节变化密切相关。秋节（在伊朗阳历7月16日，相当于公历11月上旬）是除诺鲁孜以外的最重要

---

① 赵炳炎,方惠芬.中外穆斯林节日集锦[M].北京:宗教文化出版社,2009:154–156.

的大型节日,在伊朗被称为"梅赫尔冈"(Mehregān,又称为"麦赫尔干节"),波斯语中"太阳"为梅赫尔(Mehr),故梅赫尔冈可以理解为是太阳节的意思。伊朗高原寒暑分明,这一时期庄稼成熟、硕果累累、牲畜肥壮,人们以品尝丰收果实为乐。他们深知阳光对于春种秋收的价值,通过此节来表达阳光普照促使作物丰收的喜悦、感念之情。这些农业节日体现出伊朗文化中农业的重要性。

总之,伊朗历法不仅指导了农业活动,还塑造了伊朗乃至世界的文化和社会传统,同时也加强了社会的凝聚力和文化认同。这些节日和仪式在伊朗的日常生活中扮演着不可或缺的角色,体现了伊朗历法在文化和社会领域的深远影响。

(三)具有丰富的宗教意义和文化价值

伊朗历法不仅在农业和社交生活中发挥着关键的作用,还在宗教、文化等领域具有深远的影响。有学者认为诺鲁孜节是无任何宗教成分的大自然的节日,但事实上,诺鲁孜节与祆教关系密切,因而节日期间,人们有着对"水"、树木的崇拜及狂欢。[①]有"太阳节"之意的梅赫尔

---

① 郑亮,王艳花.诺鲁孜节日的生态文化阐释[J].文化遗产,2018(02):57-62.

冈同样体现了伊朗的太阳神崇拜现象。

祆教尚火,视火为最高神的象征,通过圣火崇拜即可与最高神祇交流,所以又称"火祆教"或"拜火教",因而诺鲁孜有着"拜火"的传统。跳火节是伊朗新年的前奏,又名"红色星期三",在每年伊朗历最后一个星期三庆祝,人们在晚上跳过篝火,象征驱逐疾病和不幸。人们口中念道:"黄色(指疾病、灾难)予你;红色(指健康、幸运)给我。"表示要让一切灾害和不幸葬身火海,祈求在新的一年无病无灾,永葆健康。同时,还有追求光明和迎接春天的意思。① 此外,伊朗人在年前还有大扫除、祭祖等传统。

伴随伊朗等国文化的传播入华,祆教信仰在国内一度十分兴盛,其在南北朝时被称为"胡天教",并很可能由此催生了正月初七的"人日节",该节也随着祆教在宋元时期融入中国民间信仰的历程,而影响渐消、走向没落。并且旧时诺鲁孜种植七种作物的传统,很有可能因中国在人日节时气候寒冷,不适合种植作物及由其生长预测收成,而因地制宜地变为了食用七菜羹,"七菜"也大概与7为波斯圣数有关。②

---

① 陆人,李恩生.伊朗—地毯王国 伊拉克—两河流域的文明古国[M].北京:军事谊文出版社,1995:47.

② 赵洪娟.中古人日节与波斯诺鲁孜节渊源考——基于比鲁尼《古代民族编年史》的探讨[J].民族文学研究,2019,37(02):106-118.

中国自古以来同样有崇火信仰。如在楚文化里，相传在颛顼时代，少昊氏重部观测"大火"来判定春分以授时；作为火正的黎（犁）部落掌管地界之火，以观象结论来进行烧荒、燔柴、守燎等职事[1]。并且，先民除生篝火、放爆竹、燃烟花、烧纸钱、焚香烛等仪式外，亦有火燎以辟邪防疫，以及跳火堆等传统习俗。特别在古代均有大量波斯人、粟特人定居之处，如甘肃、宁夏、陕西、山西等省交界处的部分县市，以及闽粤交界处，均有正月跳火堆的习俗，众人依次从火上跳过以驱邪求吉。如《泉州府志》记载新年期间，"炽炉炭，烧杂木，爆竹于庭，或超而越之，谓之'过炎'。"[2]甘肃庆阳等地，正月二十三日为燎疳日，农家"燎疳"意为"驱瘟神""送百病"。白天，人们在院内各处散谷草，即"散疳"；入夜，集所散谷草点燃，男女老幼跳越火堆。仪式结束后，用棍棒槌灰烬，名曰"打粮食"，以火花推论当年粮食丰歉，又用土块夹火星送往远方，叫"送害虫"[3]。

众所周知，伊斯兰教在伊朗社会中具有重要地位。其中，开斋节（Eid al-Fitr）和宰牲节（Eid al-Adha）是伊

---

[1] 杨理胜，王少华，陈波，等.江汉汤汤 以绥四方 基于楚文化符号系统的提炼与考察[M].武汉：武汉大学出版社，2018：29.

[2] 丁世良，赵放.中国地方志民俗资料汇编 华东卷 中[M].北京：书目文献出版社，1995：1297.

[3] 庆阳县志编纂委员会.庆阳县志[M].兰州：甘肃文化出版社，2012：462.

斯兰教的两个主要宗教节日。开斋节标志着斋戒的结束，强调社会共享、关爱和慷慨的价值观，人们在这一天分享食物，庆祝斋月的结束。宰牲节又称"古尔邦节"，在伊斯兰教历（阴历）的12月10日，即开斋节后的70天，是为了纪念以色列先知易卜拉欣（Abraham，即犹太-基督教传说中的亚伯拉罕）的忠诚，人们在这一天献祭动物，然后分享食物。此外，该教的宗教节日，如穆哈拉姆月（Muharram）的阿舒拉（Ashura）等，都是伊朗的法定假期。这些宗教仪式与农产品的收获有关，凸显了宗教、伊朗文化与农业的紧密联系。

历法还为伊朗文学和诗歌的创作提供了丰富的灵感和背景。在伊朗历史上，许多杰出的文学家和诗人都受到历法的启发，在他们的作品中引用历法中的日期、季节和自然景观，以传达情感、表达文化价值观，并丰富了伊朗文学的内涵。历法成为伊朗文学的一部分，反映了伊朗文化的丰富多样性和深厚的历史传统。

三、伊朗历与二十四节气的关系

伊朗历与二十四节气在春秋二分和冬至这些重要节气上有所对应（见表9），且均与节令变化和农事活动相关，展现了两种古老文明中的自然崇拜和历法智慧。

表9　伊朗历的月份与节气对应关系

月序	天数/天	伊朗现代波斯语名称 拉丁拼音	伊朗现代波斯语名称 波斯字母	阿富汗达利波斯语名称（同阿拉伯语）拉丁拼音	阿富汗达利波斯语名称（同阿拉伯语）波斯字母	阿富汗普什图语名称 拉丁拼音	阿富汗普什图语名称 波斯字母	平年相当于公历	对应节气	对应黄道带星宫
1	31	Farvardin	فروردین	Hamel	حمل	Wray	وری	3/21—4/20	春分→清明→谷雨	白羊宫
2	31	Ordibehesht	اردیبهشت	Sawr	ثور	Ghwayay	غویی	4/21—5/21	谷雨→立夏→小满	金牛宫
3	31	Khordad	خرداد	Jawza	جوزا	Ghbargolay	غبرګولی	5/22—6/21	小满→芒种→夏至	双子宫
4	31	Tir	تیر	Saratan	سرطان	Chungash	چنګاښ	6/22—7/22	夏至→小暑→大暑	巨蟹宫
5	31	Mordad	مرداد	Asad	اسد	Zmaray	زمری	7/23—8/22	大暑→立秋→处暑	狮子宫
6	31	Shahrivar	شهریور	Sonbola	سنبله	Wagay	وږی	8/23—9/22	处暑→白露→秋分	室女宫
7	30	Mehr	مهر	Mizan	میزان	Tala	تله	9/23—10/22	秋分→寒露→霜降	天秤宫
8	30	Aban	آبان	Aqrab	عقرب	Laram	لړم	10/23—11/21	霜降→立冬→小雪	天蝎宫
9	30	Azar	آذر	Qaws	قوس	Linday	لیندی	11/22—12/21	小雪→大雪→冬至	人马宫
10	30	Dey	دی	Jady	جدی	Marghumay	مرغومی	12/22—1/20	冬至→小寒→大寒	摩羯宫
11	30	Bahman	بهمن	Dalv	دلو	Salwagha	سلواغه	1/21—2/19	大寒→立春→雨水	宝瓶宫
12	29/30	Esfand	اسفند	Hout	حوت	Kab	کب	2/20—3/20	雨水→惊蛰→春分	双鱼宫

（一）春分与伊朗新年

前面提到的伊朗春节诺鲁孜，象征其民族文化中光明、希望和重生的理念，是真正节气意义上春天的节日。该节与中国的春分在日期上相近，不仅反映了古人对天文周期的细致观察和理解，同时体现出他们对天文现象的崇拜和庆祝。在仪式上，二者都会举办形式多样的祭拜活动，祈求春华秋实，强调感恩与希望。人们在春分举行礼仪来感谢上天眷顾，祈祷新的一年万事顺利。诺鲁孜从年初一持续到自然日（Sizdah-Be-Dar），其间人们穿着新衣、准备仪式饮食、载歌载舞。自然日则被视为驱散厄运、迎接春天的仪式。这些习俗丰富了节日关于阳光与万物复苏、生机盎然等的文化内涵，反映出两种文明对生命延续的共同祈盼。

诺鲁孜和二十四节气一样，具有强大的文化凝聚力，被周边国家多民族重视。诺鲁孜于2009年入选"人类非物质文化遗产代表作名录"，"春节——中国人庆祝传统新年的社会实践"在2024年也被成功列入非物质文化遗产名录，成为跨越国界、民族和宗教的共同庆典，为全球人民带来了新年的祝福与春天的希望。山川异域，风月同天，时间制度及其重要节日生动体现着多元文化的交融，对于构建人类命运共同体理念始终发挥着重要作用。

（二）清明与踏青节

伊朗自然日又被称为"踏青节"，于伊朗历的元月13日，同清明节一样，约在公历4月初。伊朗人认为自然日是"避鬼日"，举家出游踏青、野炊、运动，享受自然，以避邪恶。人们，特别是单身少女喜欢在这时给草打结，祈求爱情顺意，皆得所愿。还将诺鲁孜"七鲜桌"之一的绿麦芽带到郊外，消灾迎新。

"春分后十五日斗指乙，为清明，三月节，万物至此，皆洁齐而清明矣。"①中国清明节与伊朗踏青节日期相当，并在发展过程中融合了寒食节、上巳节等风俗，成为汇集踏青、郊游、祭祀、植树等活动的综合性节日。"梨花风起正清明，游子寻春半出城。日暮笙歌收拾去，万株杨柳属流莺。"民间有折柳、戴柳、插柳等习俗。这些均展现出两国人民与自然和谐共处的理念，以及迎接春天、新生命与希望的传统。

（三）夏至与雨水节

伊朗的雨水节（Tirgan）与中国的夏至有密切的对应关系，都与季风雨水的来临和农业生产相关，体现出两种古老文明对水资源的崇拜和对农业生产的重视。伊朗雨水节起源于古波斯语，含水利灌溉和驱散灾害的寓意。该节主要在北部潮湿多雨的地区庆祝，人们聚集在河流或湖泊附近，举行祈求降雨等仪式活动，还举办歌舞、射箭、骑马等丰富的文艺活动和传统竞技项目。

"六月，必有三时雨，田家以为甘泽，邑里相贺，曰贺嘉雨。"②夏至代表夏季雨水的到来，与雨水节一样，都强调水资源对农业的重要性。夏至作为最早被确立的节气

---

① 赵在翰. 七纬 附论语谶·孝经纬·卷三十六 孝经纬之一·孝经援神契[M]. 钟肇鹏，萧文郁，点校. 北京：中华书局，2012：688.
② 宗懔. 荆楚岁时记[M]. 杜公瞻，注. 姜彦稚，辑校. 北京：中华书局，2018：44.

之一，自古便是一个重要的节日，人们祭神祀祖，举行舞乐仪式。这时新麦已经登场，人们多食夏至面尝新。并形成了与不同地域气候特征相匹配的风俗，如陕西等西北部分地区在该日食粽，并取菊为灰用来防止小麦受虫害。南方，此日秤人以验肥瘦，农家擀面为薄饼，烤熟，夹以青菜、豆荚、豆腐及腊肉，祭祖后食用或赠送亲友。广东等地有食用狗肉的传统。[1]

总之，雨水节和夏至都聚焦祈求降雨和庆祝丰收，展现了两种古代文明对水资源于农业生产重要价值的深刻认识，寄托着人们对丰收和生育的美好祝愿。

（四）冬至与雅尔达节

伊朗的冬至节即雅尔达节（亦称雅勒达节，Shabe Yalda），庆祝一年中最漫长最黑暗的夜晚。在伊朗历9月的最后一天与10月的第一天之间的夜晚，对应公历12月20日或21日。这一夜，代表光明与希望的阳光战胜黑暗，预示着冬季寒冷的退散和温暖气候的到来，同袄教中太阳神密特拉战胜黑暗获得新生不谋而合。伊朗将冬至夜尊为"圣夜"，于2008年将其列入"国家财富"清单。人们彻夜举行各种隆重仪式庆祝，亲朋好友欢聚一堂，增进感

---

[1] 代凯军. 二十四节气饮食养生[M]. 上海：上海科学普及出版社, 2007: 182-183.

情，共享果肉颜色为象征生命晨曦的红色的石榴和西瓜等美食。这些仪式均反映出伊朗崇尚光明的精神追求，以及对亲友间和睦相处、团结互助关系的强调。

"以天是阳，地是阴，冬至一阳生，夏至一阴生"[①]，古代中国视夏至、冬至为阴阳交割的临界点。冬至阳气起，人们观兆颁历、预测年成，朝廷有朝贺之礼，民间有互相拜贺、馈送节令食品的风俗。并且，南北人民因地制宜，制作出体现当地风俗习惯和饮食偏好的特色食物，北方人喜食馄饨、饺子等面食，南方人享用赤豆粥、冬至团（汤圆）和糕类等米食。

可见，无论是梅赫尔冈、雨水节，抑或是中国南北的不同节气，其形成发展过程与风俗仪式均体现出浓厚的地域特色，这是先民适应、改造自然，发展农业过程的见证，饱含价值传统与人文关怀，节俗的内涵及形式也由此越发复杂多样。总之，二十四节气和伊朗时间制度均为基于两国观象授时的知识体系，是在文化、宗教等多种因素作用下的智慧结晶。

---

① 孙诒让. 周礼正义·春官宗伯第三 下大司乐[M]. 王文锦，陈玉霞，点校. 北京：中华书局，2013：1711.

第四节　二十四节气与回历

伊斯兰天文学又称穆斯林天文学，即阿拉伯天文学。一般所说的阿拉伯天文学是指公元7世纪伊斯兰教兴起后直到公元15世纪前后各伊斯兰文化地区的天文学。中世纪伊斯兰教国家使用的历法中，有两种著名的历法一直沿用到现代，一是阴历即回历，二是阳历即波斯历。[①]波斯历及伊朗历前文已有所讨论，本节主要讨论回历的发展源流、特点和应用、在中国的传播与相关典籍，以及与二十四节气的比较等相关内容。

一、回历的发展源流与特点

古阿拉伯人最早没有历法，仅根据当时发生的重大事件作为记录年月的标识，如"建造克尔白之年""马里卜大坝倒塌年""象年"，或以某个大酋长的出生、死亡来作记录。

阿拉伯各国目前通用的历法，中国传统的译法叫作"回历"，也有译作希吉拉历、回回历、伊斯兰教纪元的。"希

---

① 陈遵妫. 中国天文学史: 第3册[M]. 上海: 上海人民出版社, 1984: 1965.

吉拉"是一个专有名词，阿拉伯文原意是"移居""迁徙"。指的是先知穆罕默德率众逃出麦加，迁至麦地那，那一天是公元622年7月16日，也就是回历的纪元。因此，穆斯林又称回历纪元某某年为至圣迁都某某年。

关于究竟从哪一年起正式使用回历纪年，学界有不同观点。一说穆罕默德在世时就已开始，但是现在阿拉伯史学界比较一致的看法是，回历是穆罕默德身后的第二任哈里发欧默尔·本·赫塔布（Urnasihnal Khaltab）执政期间（634—644年）制定的。欧默尔在位期间，阿拉伯帝国开疆拓土，各地事务繁多，钱粮开支浩大，没有一个帝国统一通用的日期会极大影响政治军事的上传下达。因此，他考虑编纂历法是可信的。据传，公元637年，阿拉伯人征服波斯人，俘获了一位名叫胡尔木赞的波斯王子，他精通天文学和波斯历法，欧默尔遂命他编纂阿拉伯历法。胡尔木赞把波斯历法阿拉伯化，制定了伊斯兰教历。另据文献记载，在讨论从何时开始纪元时出现了三种意见：从穆罕默德生日算起、逝世日算起还是由麦加迁往麦地那之日算起。最后采用第三种意见，即把穆罕默德的迁徙日定为回历纪元。欧默尔随后降诏帝国各地，正式使用回历。由此可见回历也并非穆罕默德在世时就使用的。

一般所称的回历是指太阴年，通常用拉丁文Anno Hegirae表示，缩写为A.H.，是伊斯兰教进行宗教活动和记载历史事件的历法，这种历法迄今为止在阿拉伯和伊斯兰世界已沿用了1400多年。回历太阴年以初见月光（即看到新月）那天作为每月的第一天，因而常比朔日迟一二天。每逢单月为大尽，30天，双月为小尽，29天，这叫作"动的月"。回历各月的大小，都是固定的，但八月二十九日必须寻求新月，看到新月则八月为小尽，否则八月是大尽；九月二十九日也要观察新月，看到新月则九月是29天，否则为30天，其他月份则不必观察新月。回历以12个月为一年，总共354天，不设闰月，而置闰日，闰日加在十二月末，闰年是355天。从月的精度来看，回历从开始使用到现在的1400多年间，朔日时刻仅比实际时刻落后半天，其精度比儒略历高得多，与现在通用的格列高利历相仿。回历每年12个月的划分见表10。

表10　回历每年12个月的划分

月份	月份名称	月份天数/天
一月大	穆哈兰姆（Muharram）	30
二月小	色法尔（Saphar）	29
三月大	赖比儿·敖外鲁（Rabia-al-awwel）	30
四月小	赖比儿·阿赫尔（Rabia-al-accher）	29
五月大	主马达·敖外鲁（Jomada-al-awwel）	30
六月小	主马达·阿赫尔（Jomada-al-accher）	29
七月大	赖哲卜（Rajab）	30

续表

月份	月份名称	月份天数/天
八月小/大	舍尔邦（Shaaban）	29/30
九月大/小	赖买丹（Ramadan）	30/29
十月小	闪瓦鲁（Shawwal）	29
十一月大	都尔喀尔得（Dulkaada）	30
十二月小	都尔黑哲（Dulheggia）	平年29日，闰年30日

回历还有一个特征，它以日没作为一天的开始。它也有七日一周的制度，即日、月、火、水、木、金、土七曜。每年元旦的七曜叫作岁七曜。由于回历纪元元年元旦是金曜，因而第二年元旦是火曜，第三年元旦是土曜，即每过一年，岁七曜下推4日。平年354天，等于50个七曜日加4天，因而每年下推4天，闰年补加1天。

回历每年有三个节日：三月十二日为圣诞节，即穆罕默德的诞辰；十月初一为开斋节，通称小会礼日；十二月十日为宰牲节，通称大会礼日。这些都是全世界穆斯林的重要节日。伊斯兰教还以回历九月为斋戒的月份，简称斋月，以十二月为朝觐的月份。如果八月二十九日找到新月，则第二天为斋月的开始，否则第三天为斋月的开始。如果九月二十九日找到新月，则第二天为开斋节，否则第三天为开斋节。

回历和公历的换算也是一个重要的课题。想要知道公历某年相当于回历的哪一年，可以通过公历与回历的换算关系进行换算。即伊历=公历-622年+（公历-622年）÷32或公历=伊历+622年-（伊历÷33）。现在中国伊斯兰教协会每年印刷发行的公历、农历、伊斯兰教历（简称"三历"）对照表，为国内穆斯林群众进行宗教活动和过好宗教节日生活提供可靠的依据。

但是和一切历法体系一样，回历的功用不仅限于简单地安排人们的宗教生活和其他的社会生活。历史上回历以拥有一套测算天体运行的方法，而尤以拥有一套准确的推算日月交食及五星运行位置的方法而著称于世。与此相关，也和古代所有的天文历法体系相仿，回历也有一个构造精巧、内容丰富的占星体系与之相辅而行。[①]回历所具有的特点，就注定了它势必走出阿拉伯地区，要向世界各地扩散、流传。

二、回历传入中国的情况及相关典籍

不少人认为，回历向中国的传播，约在唐朝中后期，因为此时已有不少伊斯兰教徒移居中国，教徒出于对宗教生活的需要，决定了回历一定会随之传入中国。这个推论是有道理的，但是迄今为止，还没有发现相关切实可信的记载和物证。明清以来许多学者，也包括一些现代学者，

---

① 中华文化通志编委会编. 中华文化通志 回族文化志[M]. 邱树森, 撰. 上海: 上海人民出版社, 1998, 10: 141.

经常把《九执历》作为回历于唐朝已传入中国的证据，但《九执历》根本就是属于印度历法体系的，与形成于阿拉伯的回历并无联系。

中国有回历典籍，肇端于宋元。回历自宋元传入中国后，出现、形成过一系列典籍，大致可分为两类：一是回回文原著的汉译本、编译本，二是汉地学者介绍、阐释这种历法的论著。

据史料记载，中国历史上第一部有关回历的著作，可追溯到宋初的《应天历》。明成化五年（1469年）的《怀宁马氏宗谱》，是至今发现最早主张此说的文献，认为宋建隆二年（961年），王处讷受命制定新历，回人马依泽入宋参与此事。此外，还见有两种文献部分地印证这一说法：一是成化二十二年（1486年）所修的河北《青县马氏门谱》，谱主称与马依泽同宗；二是近人水子立《中国历代回教名贤事略汇编》中所辑的一条马依泽资料。[①] 但至今尚未发现宋代文献中有载，这一说法因证据不足而显得扑朔迷离。

元朝回历传入中国，则有切实的文献根据。据文献记载，元或蒙元时期，著名的回回历法典籍有三种：即《麻答把历》《万年历》和《回回历》。

《麻答把历》是成吉思汗、窝阔台时期的著名政治

---

① 马明达, 陈静. 中国回回历法典籍考述[J]. 西北民族研究, 1994(02): 151–152.

家、天文学家耶律楚材（1190—1244年）编辑的一部回历著作，但早已无传。

约在《麻答把历》撰成半个世纪后，在中国历史上出现了第一部穆斯林学者进献的回历著作，这就是札马鲁丁撰进的《万年历》。《元史·历志》记载：“至元四年，札马鲁丁撰进《万年历》，世祖稍颁行之。”[①]但学界对《万年历》是否被颁行过仍有争议，即使《元史》（如图4所示）所载是可信的，忽必烈确实曾下令颁用过这种历法，但到了至元十八年（1281年）《授时历》颁行后，《万年历》也就终止使用了。值得注意的是在蒙元历史上，除了札马鲁丁撰进《万年历》，仁宗皇庆二年（1313年），可里马丁亦曾进献《万年历》。

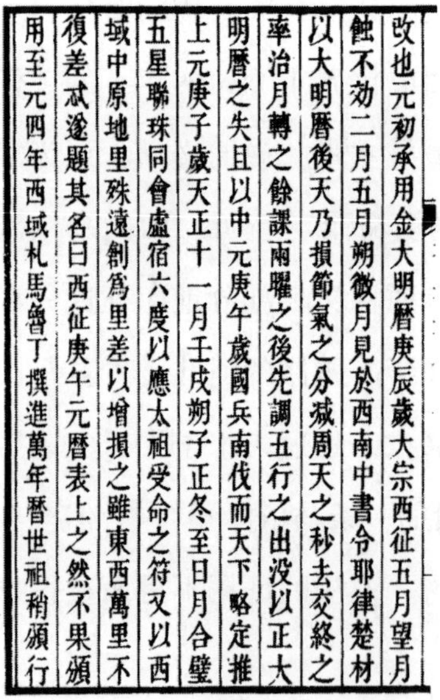
改也元初承用金大明曆庚辰歲太宗西征五月望月
蝕不効二月五月朔微月見於西南中書令耶律楚材
以大明曆後天乃損節氣之分減周天之秒去交終之
率治月轉之餘課兩曜之後先調五行之出沒以正大
明曆之失且以中元庚午歲國兵南伐而天下略定推
上元庚子歲天正十一月壬戌朔子正冬至日月合璧
五星聯珠同會虛宿六度以應太祖受命之符又以西
域中原地里殊遠創爲里差以增損之雖東西萬里不
復差忒遂題其名曰西征庚午元曆表上之然不果頒
用至元四年西域札馬魯丁撰進萬年曆世祖稍頒行

图4　（明）宋濂撰《元史》卷52《历志一》清乾隆四年武英殿校刻本[②]

大量文献记载表明，

① 宋濂，等. 元史·卷五十二·历志一[M]. 中华书局编辑部，点校. 北京：中华书局，1976：1120.

② 公共版权。

在元世祖忽必烈颁行《万年历》的同时，在元帝国境内还流传着另外一种回历著作，这种回历著作"每岁推算写造""禁私鬻"①，被称为《回回历》（或《回历》《回回历日》），是供伊斯兰教徒宗教生活之用的。如果说，"每岁推算写造"，反映的正是伊斯兰教纯阴历"月分年""动的月"，其岁首随时光推移、在阳历年的四季里变化不定的特点的话，那么这种《回回历》就是纯阴历的伊斯兰教历。文献记载还表明，《回回历》并不只用于宗教生活，至少在至元年间，它还同时是国家邮驿兵种"急递铺兵"的必备之物。终元之世，这种历法一直被数量不断增加的伊斯兰教徒使用着。

在中国回历发展史上，明朝在许多方面都直接地继承了元朝，主要有以下三个方面：一是明政府也为回回天算家设立了专门的天文机构。明代有不同的称呼和兴废变化②，或沿袭元朝称"回回司天监"，或改名"回回钦天监"并增置回回科隶其下，其后又在南京雨花台建成"回回观星台"作为钦天监的附设机构，后又废回回监而留回回科兼负原监事务。永乐北迁后，明政府机构保持南北两套，回回天文机构也不例外。终明之世，一脉相承，未尝

---

① 宋濂，等. 元史·卷七·世祖四[M]. 中华书局编辑部, 点校. 北京：中华书局, 1976: 142.

② 王根明, 蔡利萍. 回回天文学概观[J]. 中国回族学, 2010, 4 (01): 65-66.

中断。二是明洪武政府收揽征用了故元回回天算人才，也包括少数原汉人司天监的官员。三是明代回回天算家的工作也多是直接上承元朝而来，或继续为国内的回教徒制订伊斯兰教历，或在为皇室和封建政权中扮演阴阳术士的角色。① 中国回历典籍也主要形成于明朝。一方面完成了回历典籍的汉译和编辑整理工作，另一方面以此为基础，一批非穆斯林学者试图"以回回法入大统术"，从事诠释、研究回历的工作，在中国历史上第一次出现了一批非穆斯林学者撰著的回回历法著作。

明朝对回历典籍的汉译和编译工作是洪武十五年（1382年）开始、约洪武十八年（1385年）结束的，工作成果是译介出了《天文书》和《回回历法》两种著作。《天文书》内容丰富、论述完备，十分注意仪器的观测和计算，对天象运行规律的描述，对天文气象的观测预报及大量的医学星占等，都饱含了科学的因素，但是也掺杂着一些迷信因素。《回回历法》则是近代欧洲天文体系等建立以前，人类较先进、较科学的一部天文历算成果，内容主要包括推步法和助算表格两个部分。推步法部分又包括了"回回历法释例""七政经纬度法""太阴五星凌犯"和"交食"等内容。至少在明英宗或宪宗年间，《天文书》和《回回历法》都有过一次刊刻的机会。自此以后，

---

① 马明达，陈静.《中国回回历法辑丛》导言[J]. 西北民族研究，1993（01）：73.

两种典籍的境遇稍显不同：《天文书》较长时期地遭受了冷落，而《回回历法》则比较受欢迎，但也出现了虫蛀风剥、破损残缺等问题，面临着淹没的危险。其后刘信和贝琳两位在监官员挺身而出，对《回回历法》分别予以辑补、整理，完成了《西域历法通径》和《七政推步》两种著作，至此资料收集和文献整理性质的工作便告结束。清代瞿镛撰《铁琴铜剑楼藏书目录》卷十五中的回回历法一卷（明刊本）如图5所示。

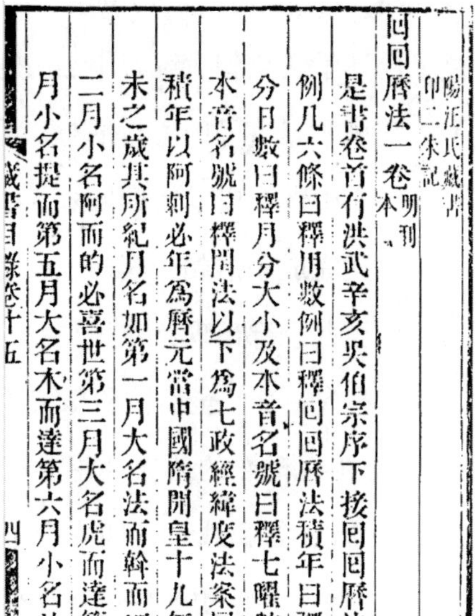
陽汪氏藏書
印二朱記
回回曆法一卷明刊本
是書卷首有洪武辛亥吳伯宗序下接回回曆法釋
例凡六條曰釋用數例曰釋回回曆法積年曰釋宮
分日數曰釋月分大小及本音名號曰釋七曜數及
本音名號曰釋閏法以下爲七政經緯度法案回回
積年以阿剌必年爲曆元當中國隋開皇十九年己
未之歲其所紀月名如第一月大名法而斡而丁第
二月小名阿而的必喜世第三月大名虎而達第四
月小名提而第五月大名木而達第六月小名沙合
藏書目錄卷十五　四

图5　（清）瞿镛撰《铁琴铜剑楼藏书目录》卷十五　清光绪常熟瞿氏家塾刻本[①]

① 公共版权。

《回回历法》还对朝鲜天文学发展有很大影响。朝鲜李朝世宗李祹统治时期，朝鲜学者李纯之等人根据从中国传入的《回回历法》编成《七政算·外篇》五卷，约30万字。书成后以抄本的形式，载于《世宗实录》卷159—163中，一直流传至今。

明朝的回历著述，至刘信、贝琳完成他们的著作，其资料收集和文献整理性质的工作便告结束。自此数十年后，到了嘉靖、万历年间，在明朝也是在中国历史上第一次出现了一批非穆斯林学者研究回历的著作。这些著作有五六种：唐顺之、周述学《皇朝大统万年二历通议》，唐顺之《历算书稿》，陈壤、袁黄《历法新书》，雷宗《合璧连珠历法》，还有《历宗中经》以及《回回术入手决》。

中国回回历法著述完成于清朝，其标志一是历史上比较重要的一些回历典籍至此全部出现；二是与元、明相比，清朝的回历著述一般具有权威性、全面性和总结性三个特点。

清人有关回历资料编辑性的著作，主要有两种：收入《明史》中的《回回历法》和载于《四库全书》中的《七政推步》（见图6）。收入《明史》中的《回回历法》，是清人对回历资料收集、整理工作的一项集体成果。除上述两项集体成果外，还有若干零散成果，其中较为重要的是薛凤祚的《西域历并表》。这些零散成果从文化意义来考察，反映了清朝非官方的和穆斯林的知识分子对回回天文

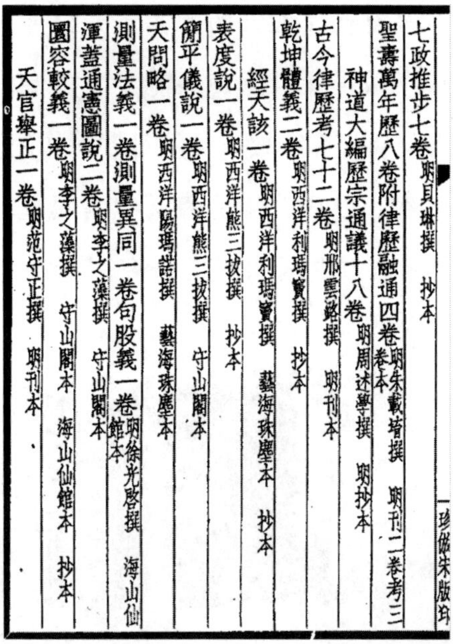

七政推步七卷 明貝琳撰 抄本
聖壽萬年歷八卷附律歷融通四卷 明朱載堉撰 明刊二卷考三卷本
神道大編歷宗通議十八卷 明周述學撰 明抄本
古今律歷考七十二卷 明邢雲路撰 明刊本
乾坤體義二卷 明西洋利瑪竇撰 抄本
經天該一卷 明西洋利瑪竇撰 藝海珠塵本 抄本
表度說一卷 明西洋熊三拔撰 抄本
簡平儀說一卷 明西洋熊三拔撰 守山閣本
天問略一卷 明西洋陽瑪諾撰 藝海珠塵本
測量法義一卷測量異同一卷句股義一卷 明徐光啓撰 海山仙館本
渾蓋通憲圖說二卷 明李之藻撰 守山閣本
圜容較義一卷 明李之藻撰 守山閣本 海山仙館本 抄本
天官舉正一卷 明范守正撰 明刊本
珍倣宋版

图6（清）丁仁撰《八千卷楼书目》卷十一　民国十二年排印本[①]

学的价值取向，表明回回天文学开始走向更为广泛的社会民众阶层，进入开发利用的新阶段。

清代专门性的回历研究著作，主要有黄宗羲《回回历法假如》一卷，梅文鼎《回回历法补注》三卷、《西域天文书补注》二卷、《三十杂星考》一卷、《四省表影立成一卷》，李锐《回回术元考》，顾观光《回回历解》，马复初《寰宇述要》，李善兰《回回术细草》七卷和洪钧《天方教历考》等十种。还有一些专篇专论，比如梅文鼎的《历学疑问》和《历学疑问补》。应用性的回历

① 公共版权。

著作，主要有马复初《天方历源》（亦称《天方历源图真本》），约成于咸丰元年（1851年），是专为伊斯兰教徒确定起、开斋及朝觐等宗教生活的日期而作的。

20世纪以来，以1925年陈垣《中西回史日历》（见图7）的出版为标志，中国的回历研究逐渐进入了一个新时

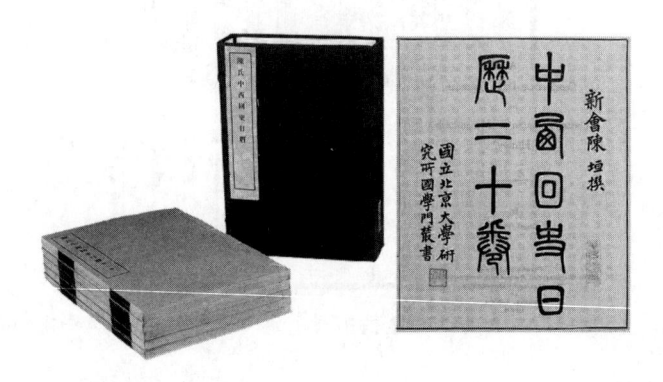

图7　陈垣《陈氏中西回史日历》民国十五年（1926年）朱墨套印本连史纸线装大开本一函五册全①

---

① 图为公共版权。
书扉页钤有"梅景书屋""荻园文库"等朱墨印章两方，为吴湖帆旧藏。由中国历史及宗教学家陈垣编撰，于1926年以其斋名"励耘书屋"名义定稿付梓，交由北京大学研究所国学门出版，是研究中西交通史以及中国与东南亚各国友好往来的重要工具书。每部五册、定价大洋十六元，朱墨套印、保存较好。注：本历表上起公元元年（汉平帝元始元年）下迄民国，百年一卷、每面两年。表分上下两层，上为西历纪年、甲子纪年和中国王朝纪元；下分六大格，黑体数字是西历目序并代表其月之首，右旁红字是中历月序并代表其月之首，红色阿拉伯数码是回历月序并代表其月之首，红色冬字表示冬至、红色闰字表示中历闰月。本历表内容完备、推算精确，融历史、宗教、天文历法等各种学科，丰富广博、可供利用。

期。在此前后，相关论文论著大量涌现。不少穆斯林学者主要以宗教生活的需要为目的，编撰了一系列回历图籍，代表性著作有马自成《天方月首万年历真本》（1925年）、丁子瑜《寻月指南》（1931年）、张希真《新月集证》（1933年）、马以愚《回回历》（1936年）、黄明之《伊斯兰历法详解》（1942年）、马坚《回历纲要》（1955年）等。论文以马坚、李俨、钱宝琮、陈久金、李迪等学者为代表，对回历的一些史实进行考证阐释，有助于推动中国回历史的研究。未来回历的研究仍可从广征资料、攻克难题、填补空白、校正谬误四个方向继续前进。①

三、回历与二十四节气的异同

回历所用的年有太阳年和太阴年两种。太阴年又称月分年，供历史纪年和宗教祭祀使用。太阳年又称宫分年，供耕种、收获、征税之用。这两套不同的历法体系与二十四节气相比各有不同的差异和相似之处。

（一）回历太阴年与二十四节气

一般所称回历是指太阴年，它是目前国际所用的唯一的纯阴历。回历的太阴年法即以月亮圆缺十二次为一年，

---

① 陈占山. 中国回回天文学史研究的回顾与展望[J]. 中国史研究动态, 1996 (08): 5-6.

圆缺一次为一月。而在实际应用中，它的一些月份还要借助于具体的月象观测，是一种自然色彩很浓的纯阴历。回历太阴年法只用于宗教生活和历史纪年，特别是宗教生活方面须臾不可缺少。与中国传统农历和二十四节气相比，回历太阴年在许多方面都有很大差异。

一是年月日的计算方法不同。中国的农历是一种阴阳合历，是根据月相的变化周期，每一次月相朔望变化为一个月，参考太阳回归年为一年的长度，并加入二十四节气与设置闰月以使平均历年与回归年相适应。其年份分为平年和闰年，平年为12个月，闰年为13个月，月份分为大月和小月，大月30天，小月27天，其平均历月等于一个朔望月。农历以月亮圆缺变化的周期为依据，以朔日（初一）为一个月的第一天，以一个朔望月为一个月，约29.53天，全年一般是354天或355天，比公历年的365天或366天少了11天。回历太阴年是以朔望月，即月亮绕地球一周（29天12小时44分28秒）作为天文依据的，回历12个月共354日8时48分，单月30天，双月29天，与回归年（365.2422日）相比，回历一年的实际天数约少10日21时1分，积2.7回归年约少一个月，积32.6回归年相差一年。回历以初见月光（即看到新月）那天作为每月的第一天，因而常比朔日迟一二天。回历每日的开始以日落时算起，农历、公历每日的开始则以午夜子时零点算起，这也是三者之间的一个较大不同。

二是置闰的方法不同。如前所述，农历的置闰是指农历为了能兼顾阳历与阴历关系，协调二者之间一年的天数，而采用设置闰月的一种方法。与阳历年平、闰年有固定天数不同，阴历年在天数上有时会与阳历年相差大约10—20天。为协调回归年与朔望月之间的天数，农历在历法中加入了"十九年七闰"的置闰方法，即每19年中有12个平年（每年12个月）和有七个闰年（每年13个月），使得一年的平均天数与回归年的天数相符。回历太阴年置闰的方法是：以30年为1周，在1周里插入闰日11天。用30除11，得0.37，是为每年的余分，递加之，得逐年的通闰，使0.5的通闰凑足一天，是为闰应；照此推算，则每周的第二、五、七、十、十二、十六、十八、二十一、二十四、二十六和二十九的年份为闰年。[①]回历只有闰日，没有闰月，是因为增加闰月违反穆罕默德的教义，因此回历保持其纯阴历状态，一直延续到今天。

三是季节划分不同。二十四节气所在的季节是固定的，每个季节有六个节气，每个节气所在的公历日期每年最多也不过相差1天。二十四节气基本概括了一年中四季交替的准确时间，以及每个季节不同的物候、气候等自然现

---

① 陈遵妫. 中国天文学史：第1册[M]. 上海：上海人民出版社，2016：1078.

象发生的规律，如春生、夏长、秋收、冬藏，以及日照、降雨、气温等的变化规律。回历太阴年一个月平均为29.530556日，即29日12时44分2.8秒，一年平均为354.36667日，即354日8时48分33.6秒。回历一年比一回归年少10日21时1分，约2.7年差一个月，约32.6年就差一年。也就是说，回历的岁首，在一年四季里变动不定，约33年变动一周，比如某年春分在回历一月间，过10年则在八月间，过20年就在四月间。回历与中国农历相比有根本的差别，这正是回族穆斯林的斋月、开斋节、宰牲节等，按公历或农历的季节来看，有时在冬季，有时在秋季，有时在夏季，有时在春季的原因。回历与公元纪年及中国农历日期之比较见表11。

表11　回历与公元纪年及中国农历日期之比较[1]

回历元旦	公元纪年日期	中国农历日期
1412年	1991年7月13日	辛未年六月初二
1413年	1992年7月2日	壬申年六月初三
1414年	1993年6月21日	癸酉年五月初二
1415年	1994年6月1日	甲戌年四月廿二
1416年	1995年5月31日	乙亥年五月初三
1417年	1996年5月19日	丙子年四月初三
1418年	1997年5月9日	丁丑年四月初三
1419年	1998年4月28日	戊寅年四月初三
1420年	1999年4月17日	己卯年三月初二
1421年	2000年4月6日	庚辰年三月初二

[1]　马自祥，马兆熙. 东乡族文化形态与古籍文存[M]. 兰州：甘肃人民出版社，2000：23.

（二）回历太阳年与二十四节气

既然回历太阴年法纯粹是依据月象的圆缺变化为划分根据，而且每个月在每年所处的季节并不固定，就注定了这种历法是与四季的变化严重脱节的。为了确定节气，满足农业生产需要，回历又借助于太阳经过黄道十二宫的日期来预报季节变化，在此基础上形成了太阳年法，又称宫分年。回历太阳年法，主要用于农业生产和税收。

"黄道十二宫"是阿拉伯占星术术语，起源于巴比伦。黄道十二宫（the signs of the zodiac）是描述黄道带上人为划分的十二个随中气点移动的均等区域。在历法学上，黄道十二宫的划分本身是一种太阳历，以春分点为起点，太阳在黄道带上视运动每运转30度为一宫，其实是一个太阳月。黄道十二宫表示太阳在黄道上的位置，宫与宫的大小是固定的，太阳进入每一宫的时间基本上是固定的，每年3月21日前后太阳来到春分点，进入白羊宫；6月22日左右来到夏至点，进入巨蟹宫；9月23日前后来到秋分点，进入天秤宫；12月22日左右来到冬至点，进入摩羯宫。西方的黄道十二宫与中国的二十四节气都是反映太阳在运行轨道（黄道）上的位置。太阳总是在相同的节气运行到对应相同的宫，黄道十二宫的起始点和二十四节气当中的十二中气是吻合的。

回历太阳年即以春分日为岁首，以太阳在黄道十二宫上运行一周为12个月，这叫作"不动的月"。平年约365日，其中32日的有1个月（四月），31日的有5个月，30日的有4个月，29日的有2个月（九月、十月）。历128年置闰31次，逢闰之年，增置一闰日于十二月（双鱼亥宫）之末，共计366天，其平均历年长度为365.24218750日。这与《甲子元历》《崇祯历书》《新法历书》等历法的平均长度是一致的。[1]

关于回历的宫分年历法，明清时期的回历文献典籍中也有所研究。早在明初学者宋濂为《革象新书》作序时对忽必烈颁行的《万年历》就有过讨论："抑余闻西域远在万里之外，元既取其国，有札马鲁丁者献《万年历》，其测候之法，但用十二宫，而分为三百六十度。至于二十八宿次舍之说，皆若所不闻。及推日月薄蚀，颇与中国合者。"[2]（见图8）

---

[1] 中国科学院自然科学史研究所.科学技术史研究六十年 中国科学院自然科学史研究所论文选 第1卷 数学史 天文学史 物理学史 化学史[M].北京：中国科学技术出版社，2018：341.

[2] 陆心源.皕宋楼藏书志[M].许静波，点校.杭州：浙江古籍出版社，2016：833.

图8 （明）宋濂撰《宋学士文集》40卷 卷五《〈革象新书〉序》清同治七年至光绪八年永康胡氏退补斋刻民国补刻金华丛书本[①]

据此大略可知这一历法即是流行于波斯地区、带有浓厚托勒密体系色彩的回回官分年历法。前文提到的清代著名的历算学家和外交家洪钧（1839—1893年）所撰《天方教历考》，虽然声称"畴人之学，夙未尝学"，却用调查研究之法和接触外域资料之便撰著此书，集中地讨论了回历的历元和官分年的来源问题，且得出了正确的、有价值的结论。[②]

[①] 公共版权。
[②] 陈占山.撞击与交融 中外文化交流史论[M].汕头：汕头大学出版社，2006：249.

第三章 二十四节气与世界现行主要时间制度　187

总之，自阿拉伯传入中国的回历是天文史、中外关系史特别是中外文化交流史上一个重要的课题。回历的形成和发展自然是为了适应纪年和宗教活动的需要，而回历在中国长期流传和使用的历史，以及由此产生的一系列典籍，也是中国文化与阿拉伯文化交流融会的鉴证和成就，值得我们重视。回历与中国传统的二十四节气相比，有年月日设置、置闰方式、季节划分不同的太阴年体系，也有非常相似的太阳年体系，而在中国古代人们就对回历的太阳年体系有所研究，并得出了一些正确的认知。同时，回历不仅曾经是中国古代的官方历法之一，而且它从古至今都与中国穆斯林的宗教生活和世俗生活，有着密切的关系。不同民族的学者，尤其汉族和回族的学者，在相关研究整理上倾注了大量心血，取得了丰硕成果，不仅使回历得以传留下来和广泛应用，也使它具有了鲜明的中国特色。在这个意义上，中国的回历不再只是阿拉伯伊斯兰文化的一个派生物，而应该是中国穆斯林文化，特别是回族文化一个重要的组成部分，是中华民族一笔丰厚的科技文化遗产。

第五节　二十四节气与犹太历

犹太历，又称希伯来历，是一种基于《圣经》创世论形成的纪年方式，也是世界上首先使用日、周、月、年为时间周期的历法。

一、犹太历的起源与演变

犹太历的起源时间历来被公认为是在公元前3760年。中国的古文献对此也有记录，晚清学者文廷式《纯常子枝语》载："纪年之法，各国不同。西人《六合丛谈》以咸丰七年丁巳元旦推各国历纪，云'泰西历一千八百五十七年正月廿六日，……犹太历五千六百十七年五月朔日，以开辟为元……'"金武祥《粟香随笔》曰："光绪六年庚辰，香港《循环日报》云'天下四大洲中，其历各有不同，……犹太历以开辟为元'，……犹太历至今为五千六百四十年……"[①]

为何犹太人将该年定为历法初年？据传是因当时人的

---

① 金武祥. 粟香随笔[M]. 谢永芳, 校点. 南京: 凤凰出版社, 2017: 115–116.

内心第一次出现生存愿望之外的其他愿望。尽管在亚当之前曾生活过许多代人,但他是第一位内心产生了理解自然愿望的人。他的名字叫亚当也并不是一种巧合,这是因为它来源于Adamme la Elyon(意为"我将变得和至高无上的帝一样")。人们依照他那种超越自身品质,以及变得与自然利他品质相同的愿望,将他称为亚当。亚当发现精神世界的那天被称为"创世日",在这个特别的日子里,人类第一次与精神世界建立联系,这就是希伯来历从这一天开始的原因。①

约公元前20世纪,犹太人离开幼发拉底河口的乌尔老家,辗转来到埃及,找到一处安身之所。生活数百年后,当埃及被希克索斯盗匪侵略时,犹太人设法为侵略者效力,使自己的牧场没有被骚扰。但当埃及人把希克索斯人从尼罗河流域驱逐之后,犹太人便堕入了苦境。他们被降为普通奴隶,被强迫去做修理皇家大路与金字塔的工作。那时各边境都有埃及军队看守,所以犹太人无法逃遁。公元前13世纪左右,一位名叫摩西的犹太少年,决意要劝告他的人民恢复祖先的生活方法。他率领同胞逃脱了埃及军队的追逐,直至西奈山下平原的中心,并吩咐他们继续在

---

① 莱特曼.卡巴拉智慧:如何在不确定的世界找到和谐的生活[M]. 天津:天津社会科学院出版社,2010: 185–186.

沙漠上的行进，直至来到美丽富饶的巴勒斯坦定居。①为纪念摩西带领犹太人离开埃及，摆脱奴役的苦难，遂将尼散月定为元月。这就是教历（寺历）的由来。

公元前586年，犹太人沦为"巴比伦之囚"。70年后，犹太人吸收了巴比伦历的太阳计法，改历为阳阴合历，按月亮计算月份，按太阳计算年份，岁元也从春分改为秋分。犹太历从此诞生，并沿用至今。每年根据月亮的阴晴圆缺，划定12个朔望月，月份从正月至十二月名称依次是尼散月（亚笔月）、以珥月（西弗月）、西弯月、搭模斯月、埃波月、以禄月、提斯利月（以他念月）、玛西班月（布勒月）、基斯流月、提别月、细罢特月、（第一）亚达月。每月以月相为准，月长29天或30天，不过八月或九月天数有所不同。以新月初见为每月1日，15日月亮为满月，月亮消失时，旧的一个月结束。清王韬《瓮牖馀谈·犹太古历说》对此介绍说："古时犹太人定年月，以太阳为准，于历法疏而于目验密。常居山候月，以初见月为月第一日。"②犹太教历与民历的对应关系见表12。

---

① 亨德里克·威廉·房龙. 人类简史[M]. 沈性仁, 译. 北京: 北京理工大学出版社, 2020: 32-35.
② 王韬. 瀛壖杂志 瓮牖馀谈[M]. 陈戍国, 点校. 长沙: 岳麓书社, 1988: 135-136.

表12 犹太教历与民历的对应关系[①]

犹太教历	犹太民历	主要节期	月份名称	月份天数	相当公历
1月	7月	逾越节（14—21日）	尼散	30天	3—4月
2月	8月	独立日（5日）	以珥	29天	4—5月
3月	9月	五旬节（6日）	西弯	30天	5—6月
4月	10月		搭模斯	29天	6—7月
5月	11月		埃波	30天	7—8月
6月	12月		以禄	29天	8—9月
7月	1月	吹角节（1日）；赎罪日（10日）；住棚节（15—21日）；犹太新年（9月底、10月末）	提斯利	30天	9—10月
8月	2月		玛西班	29天或30天	10—11月
9月	3月	献殿节（25日—之后8日）	基斯流	29天或30天	11—12月
10月	4月		提别	29天	12—1月
11月	5月	植树节（15—16日）	细罢特	30天	1—2月
12月	6月	普珥节（14—15日）	亚达	29天或30天	2—3月

此次改历还采纳了巴比伦的月名和默冬章中十九年七闰的置闰规则。巴比伦的默冬章规定，在第3、6、8、11、14和19年的12月后置入为期30天的闰月，在第17年的8、9月后置入为期29天的闰月。而犹太人则作如下修改：遇闰则在正常的亚达月后额外加一个亚达月，称之为"第二亚达月"，但要统一放到闰年的第6个月之后。这样，19年

[①] 此表根据刘洪一《犹太文化要义》第51—52页表格修改制作。

周期天数会在6939天和6942天之间，每年353—355天（或闰年383—385天）不等。犹太历每224年会有一天的误差，其相比所借鉴的每219年就有1天误差的巴比伦历法又精确了不少。

犹太人对周、日以及时辰的时间单位也很重视。他们将每周的第七天定为休息日，即"安息日"，世界上通行"周"（即星期）的概念和计算方法均来自犹太人。其对"日"的理解也很独特，犹太人根据《圣经》中对昼夜和创造世界的描述，认为日落才是一天的开始，即从第一个日落到第二个日落算作一天。因此，犹太人的很多节日都开始于"前一日"的晚上。时辰方面，"犹太古时分日为朝、午、暮三时，又分为十二时，分夜为三更，略与中国古法相同。"[①]现在则采用国际通用时辰计时。

有鉴于上，犹太历与公历的换算方法亦需说明。因犹太历以公历9月换年，因此换算时应以公历9月15日（大致日期）为界，在此后就加1。如1976年1月1日为犹太历5736年4月28日。沿用古老的犹太历来确定每个节假日的具体日期，就像中国依照农历过春节、端午节、中秋节等一样，从公历上看，每年具体的过节时间都不固定。

---

① 王韬. 瀛壖杂志 瓮牖馀谈[M]. 陈戍国, 点校. 长沙: 岳麓书社, 1988: 135–136.

二、犹太历影响下的农业节日

犹太文化中的一系列节日习俗不是一般的民间习俗，而是一种渗透着犹太民族悠久历史的象征符号。这些象征符号选取了犹太历史上具有关键意义的事件，并以此构建一系列呈现着犹太历史的基本特质，焕发着强烈民族意识的文化意象，在犹太民族对犹太节期不断进行的历史化传递中，犹太文化的早期历史得到了不断复现，犹太人的民族身份和民族意识也得到了不断提示和增强。[1]而酝酿这些节日的历史事件或故事中，不少涉及农业要素，表达对衣食住行等基本生存条件的追求。有的本身就是作为农业节日而缘起。

（一）住棚节

住棚节，也被称为收获节，为纪念犹太人出走埃及进入迦南前40年的帐篷生活而设立。它是希伯来历提市黎月中的第3个节日，持续7天。住棚节是将宗教和农业元素合而为一的节日，是以色列三大传统节庆之一。节日期间，人们会在露天或自家阳台、庭院，搭起临时性的住棚屋（帐篷）。在帐篷内与客人一起聚餐。同时，住棚节也是农民祈求神降雨的日子，过程亦遵从宗教仪式，如摇

---

[1] 刘洪一. 犹太文化要义[M]. 修订本. 北京：商务印书馆，2021：36.

动住棚节四样植物。这些植物包括枣椰树枝条、香桃木（myrtle）枝条、柳树枝条和香橼（类似柠檬）。在犹太教正统派中，在住棚节的每一天（除了安息日），男人和举行过成年礼（13岁）的男孩都必须遵守摇动住棚节四样植物的戒律。

（二）植树节

犹太植树节，是犹太人的传统节日之一。这个节日源于公元3世纪初著成的犹太教律法《密西拿》，在犹太历细罢特月的第15天庆祝，通常对应公历的1月或2月。该节也被称作"树木的新年"，在现代以色列，这个节日被用来提倡生态保护和提升环保意识。根据传统，这个节日最初是一个农业节日，用来标记树龄，计算果实成熟的时间以及向祭司缴纳果实税。随着时间的推移，它已经演变成一条重要的精神纽带，连接犹太人与以色列的土地。在以色列，种树被视为一种信仰和全民运动，以色列国家基金协会自1901年以来已经种下了2400万棵树。植树节衍生出的一个习俗是吃产自以色列的水果，远居海外的犹太人会买产自以色列的水果干来吃。

（三）逾越节

逾越节，也叫"除酵节"。"逾越"在希伯来语中的字面含义是越过。据说,当年摩西通过抗争说服埃及法老放走被奴役的犹太人。犹太人慌忙出逃,甚至来不及发面,只能将灶上的面团烤成无酵饼带走。逾越节的由来正是为了纪念犹太人走出埃及,获得自由这一历史事件。节日的时间是每年希伯来历尼散月的第15天,活动达8天之久,在公历的4月22日至29日。

节日最显著的标记是禁食发酵食品,如面包、蛋糕、啤酒等。节日期间,几乎所有超市都会将含有发酵成分的食品下架,或是用布帘将它们挡起来。逾越节的庆祝通常始于家宴,家宴一般会在节日的头两晚举行,席间人们通过说唱,特别的饮食,赞美的祷告,来向出席者重述解释以色列人出埃及的故事。到逾越节晚餐时,人们必须按《圣经》的要求吃无酵面饼或面包。晚宴上的主角则是逾越节餐盘,人们会将六种具有象征意义的食物摆放在一起,以纪念祖先们走出埃及时所经历的艰难困苦。这些食物分别为:鸡蛋、青菜、羊骨(不可食用)、苦菜(辣根)、Karpas(欧芹、芹菜或其他绿色蔬菜)、Charoset/Haroset(混合苹果/枣、坚果、葡萄干、香料、葡萄汁的水果泥)。

此外,逾越节的日期与节气关系紧密,是置闰的直接原因。为保证逾越节总在春天,如果大麦还未成熟,犹太人就会加一个闰月。①

(四)五旬节

五旬节(丰收节、七七节),在希伯来语中意为"星期"。五旬,也就是当小麦数到第四十九晚结束后,下一晚就是五旬节,日期通常在公历的5月末或6月初,它是犹太历一年中最后的一个大节。五旬节原是个农业性节日,彼时正值小麦收割结束,人们通过庆祝丰收、感恩献祭,重吃发酵饼,以期恢复平日生活习惯,并祈祷来年再获丰收。到了拉比时代,五旬节便有了三重纪念意义:一是纪念上帝在西奈山上把《托拉》赐予犹太人,二是以色列小麦丰收,三是圣地的第一批水果开始成熟。犹太人认为,在五旬节这一天,摩西登上西奈山顶,从上帝那儿接过"十诫",而这象征着犹太教的诞生。②

犹太历对基督教教历和礼仪节令也曾产生过一定影响,如复活节和圣主节期,每年需按此变动。③

---

① 斯垂伊. 玛雅历法及其它古代历法[M]. 贺俊杰、铁红玲, 译. 长沙: 湖南科学技术出版社, 2012: 52.
② 徐新. 探索古文明书系 探索希伯来文明[M]. 西安: 太白文艺出版社, 2012: 166–167.
③ 赵志强, 王俊红. 中外文化概论[M]. 重庆: 重庆大学出版社, 2012: 154.

三、犹太历与二十四节气异同

犹太历与二十四节气相比有一些共同点，譬如月份多少、置闰数量等。不过，二者间的差异也非常明显，它们在历史背景、实践应用和文化价值上存在差异，主要表现在，犹太历是以宗教信仰为主导的历法，二十四节气是以农业生产为主导的历法。

（一）犹太历与二十四节气的历史背景

犹太历是犹太人传统历法，与宗教和文化紧密相关。其起源可追溯至《圣经》记载的创世故事，以上帝创世为起点，即犹太历元年。犹太历最初分为寺历和民历，前者以尼散月为元月，后者以提斯利月为元月，后者至今仍被广泛使用。现行的犹太历在公元前359年由希勒尔二世的学者制定，结合了巴比伦历的太阳计法，每19年加入7个闰月以保持与太阳年的同步。

二十四节气每个节气都反映着自然界植物、动物、气候等方面的变化。二十四节气最初以黄河流域一带的气候、物候为依据建立起来的。远在春秋时代就定出春分、秋分、夏至、冬至等四个节气。到战国后期成书的《吕氏春秋》"十二月纪"中，就有了立春、春分、立夏、夏至、立秋、秋分、立冬、冬至等八个节气名称。到秦汉年间，二十四节气已完全确立。

（二）犹太历与二十四节气的实践应用

犹太历在犹太教中具有极其重要的宗教意义。全世界的犹太教徒都依据希伯来历计算犹太教节日，如上文提到的逾越节等。这些节日的日期都根据犹太历来确定，具有深刻的宗教内涵和历史意义。除宗教应用，犹太历还在以色列人的日常生活中发挥着重要作用。它影响着以色列人的日常生活节奏、农业生产、商业活动等多个方面。同时，犹太历也是研究犹太历史、文化和宗教的重要工具。

二十四节气是中国传统历法体系及其相关实践活动的重要组成部分，是中国古代先民准确掌握耕作时机和农事安排的重要依据，被誉为"中国的第五大发明"。二十四节气将没有中气的月份定为闰月，再以闰月定四时，这是正天时、调阴阳的科学做法。每两个节气之间规律地相隔15天左右，知道了立春的日子就可以推知剩下的23个节气，如明代邢云路曾撰《戊申立春考证》[1]，即在为军国政务、民生日用及生产劳作提供便利。清代包世臣在《郡县农政》中，更是以节气为基准来安排具体的农事生产：

---

[1] 刑云路. 戊申立春考证[M]//任继愈主编. 中国科学技术典籍通汇 天文卷 第2分册. 开封: 河南教育出版社, 1994: 549–559.

立春：修农具，浴蚕，锄麦，织草鞋，织箔，芟削诸木枝，烧树植地。

雨水：移芟松竹，修篱，移桑，出牛粪，掐菜苔。

惊蛰：压桑条，粪菜子，放鱼秧，插柳，造酱。

春分：粪大麦，锄蒜，种薤，种茶，种山药，种早芋，种红花。

清明：浸种，种靛，合牛马，湿蚕，封僵蚕，种瓜瓠。

谷雨：播稻种、菜种，扫蚕蚁，种芋，种茄、苋、莴苣，筑场，收榆荚，种芦稷、玉黍，种山芋芽。

立夏：刈大麦，剪桑，种姜，灌豆，种桑椹，伐木，移芦稷、玉黍，刈豌豆、蚕豆，种迟芋，拔蒜。

小满：刈小麦，栽早稻，种棉花，种脂麻，收菜子，蚕上箔。

芒种：栽中稻，栽芋，种粟、稗，芸早稻，刈苧，移靛，拔红花，缲丝。

夏至：栽晚稻，种椹，种麻，芸中稻，种次熟红花，劚插山芋。

小暑：芸晚稻，收蚕、稻，伐竹。

大暑：种下熟稻，摘绿豆，刈苧，樵柴，晒一切物。

立秋：刈早稻，种荞，采棉花，收槐花，割漆，筑场，下白菜、萝卜种。

处暑：种泥黄豆，拔靛。

白露：栽白菜、萝卜、胡卜，收枣，刈中稻，收玉黍，拔二熟红花。

秋分：种早麦，修仓，收芦稷，刈粟，刈芋，收桑叶。

寒露：刈晚稻，拔稗，收脂麻、大豆，种油菜，收柏子，收荷叶，种豌豆、蚕豆。

霜降：掘芋，掘姜，拔棉花，拔山芋，堆稻草，留萝卜、胡卜种，种蒜。

大雪：酿酒，刈蒿棘，罱河泥，编蒲。

冬至：粪小麦，埋各谷占岁，开鱼池，伐木，取竹箭。

小寒：冻蚕种，接雨水，科桑。

大寒：锄菜麦，掘瓜、姜坑。①

（三）犹太历与二十四节气的文化意义

犹太历是犹太人宗教和文化生活的重要组成部分，也是犹太文化中不可或缺的宝贵财富。首先，宗教与历史传统方面。犹太历是犹太民族的古老历法，它不仅是时间的度量工具，更是宗教和历史传统的载体。其历法安排，体

---

① 包世臣.郡县农政[M].王毓瑚，点校.北京：农业出版社，1962：25-27.

现了犹太民族对时间的理解和宇宙观。其次，文化认同与民族凝聚力方面。犹太历强化了犹太人的文化认同和民族凝聚力。通过遵循犹太历，犹太人得以维系和传承自己的文化和信仰。最后，犹太历及其节日不仅对犹太人具有重要意义，其所承载的价值观也对全世界产生了影响。犹太教的教义中包含自由、正义、和平、爱和同情的价值取向，这些价值在犹太历的节日和仪式中得到体现和弘扬，对全人类都具有深远的意义。

二十四节气则不仅是天文学上的划分，还与中国民间的风俗习惯紧密相连。人们会根据不同节气调整日常生活，如节气饮食的调理、服饰的改变、仪式的举办等。二十四节气作为中国传统文化的一部分，已有千年历史。它们代代相传，积淀了丰富的文化内涵，成为中华民族智慧和创造力的结晶。在现代社会，尽管人们的生活方式发生了很大变化，但二十四节气依然存在并深深融入了中国人民的日常生活。它不仅是对自然界的观察和了解，更是人们与自然和谐共处的方式。

第六节　二十四节气与印度历

本书所研究的印度历，特指印度国定历。国定历为印度现行的官方历法，是其文化的重要组成部分。该历在印度人民日常生产生活中扮演着重要角色，不仅展现出印度作为文明古国深厚的文化底蕴，也体现了其强大包容性和与时俱进的精神。印度在国定历统一之前，流传和使用的历法极其多样，包括时轮历、伊斯兰历以及一些地方性历法等，时间体系复杂。官方正式推行国定历后，这一稳定而统一的历法在促进国家管理和文化交流方面发挥了重要作用，进而为社会发展提供了必要支撑。

一、印度历的起源与演变

印度国定历作为其现代历法革新的产物，深深植根于传统历法。该历纪年以印度传统历法时轮历的重要纪年方法——塞迦纪年（Shaka Samvat）为基础改良而成。此外，印度历因受到印度教、伊斯兰教等宗教的历史影响，融入了重要宗教节日和纪念日。这一漫长的发展历程可溯源至古印度文明的早期阶段，此后不断受到本土及外来文化的影响。总的来说，大致经历早期历法、印度教历法、伊斯兰历法以及现代印度历法等主要发展阶段[1]。

印度历法的最早记录，可以追溯到公元前5千年至公元前2千年的哈拉潘文化和印度河流域文明。这一时期的居民已经开始综合天文观测和季节变化来制定时间计量系统。他们通过观察太阳的位置、月亮的周期和季节性变化来确定时间的流逝，从而为印度历法的发展奠定了基础。在印度教影响下，印度历法逐渐发展出复杂的日历系统，以满足宗教仪式、节日和吉凶日的需要。这一时期，历法基于对日、月和天体运动的观测，并逐步与宗教、哲学思想相融合，特别结合了印度教神话和宇宙观，因而具有浓厚的宗教色彩。例如，印度教最早历法之一的婆罗门历通过精确测量太阳和月亮的运动规律，融入对特定神灵的崇拜元素，来反映对宇宙运行秩序和谐有序的深刻理解。此后又出现了诸如维尔格尔历、维库纳历和波塔纳历等历法系统。

时轮历是这一时期的重要历法，深受印度教影响，同时融入了佛教文化精髓。时轮最早为显宗经论，有《时轮经》《时轮根本经》《时轮摄略经》等。《时轮经》相传为释迦牟尼佛亲口传授，共有12000颂，每颂4句，分为5品。第一品论外时轮，即宇宙的结构，包括天体运行的

---

[1] Mishra V K .Calendars of India[J].Physics, 2010.

规律，此为时轮历最根本的依据。第二品讲内时轮，即人体的生理形成、胚胎发育、病理病因、医药医疗等，包括人体内脉息运行的规律。第三品是灌顶品，即正式取得接受密法资格的仪轨。第四品为修法，讲修行的姿势和呼种禅定。第五品为"智慧"内时轮与外时轮结合，即智慧与方便合修证得的结果所达到的乐空无二"俱生快乐"的境界，并提出了医药的方法和医疗的功能。时轮历在印度有体系派和作用派两派，体系派依据《时轮根本经》，作用派则根据《时轮摄略经》[①]。总之，《时轮经》含有能够推算日月食的完整天文历算体系，时轮历便主要由《时轮经》第一品演化而来[②]。

时轮历与中国农历相似，属阴阳合历，结合了太阳年（回归年）和太阴月（朔望月）的周期，既考虑了地球绕太阳的公转周期，也兼顾了月亮绕地球的旋转周期，因此既匹配了季节变化，又与月相变化相符，增进了印度历法的准确性和多样性。时轮历主要采用塞迦纪年和维克拉姆纪年（Vikram Samvat）——前者在古印度南部地区尤为盛行，后者在北部地区占据主导地位。

时轮历在公元11世纪传入西藏。1027年，达瓦贡布和

[①] 次旺主编；达瓦次仁副主编.西藏文化概述[M].北京：中央广播电视大学出版社，2013. 181–182.
[②] 索郎桑姆，格朗.藏族传统天文历算的形成与发展[J].西藏大学学报(社会科学),2013,28(03):173–177.

卓译师西绕扎西将《时轮经》等经典译成藏文，为其传播奠定了基础。后来经过萨迦派的八思巴，噶举派的噶玛·让迥多杰、布敦仁钦珠，格鲁派的克珠杰·格勒贝桑等诸位大师的撰述推广，使该历广泛流传。因此，印度时轮历逐步成为藏族历书编制的依据，藏族聚居区中等以上的寺院均设有时轮院。这一历法发展并引介入藏后，藏族天文历算取其精华，结合原有民族历法知识，不断充实、调整和完善，使藏传时轮历快速进步，既有藏族古老历法的基础，又新增印度时轮历的内容，所以它又不完全等同于印度的时轮历[1]。同时，时轮历也对东南亚许多国家的传统历法产生了深远影响。

随着伊斯兰教在印度传播和影响力的增加，具有深厚的宗教和文化意义的伊斯兰历法逐渐在印度流行，特别在穆斯林社区广泛使用，成为印度穆斯林民众日常生活和宗教仪式的重要组成部分，也是他们身份认同和社区凝聚力的重要象征。

葡萄牙、荷兰、法国和英国等殖民国家入侵和统治印度后，为了更好管理和控制印度人民，引入了西历。特别是英国殖民者在印度广泛推行公历，并将其确立为印度官方历法。然而，传统历法系统仍然在印度人民尤其是印度

---

[1] 次旺主编；达瓦次仁副主编. 西藏文化概述[M]. 北京：中央广播电视大学出版社, 2013. 181–182.

教徒和穆斯林社区当中得以保留。此外，印度还存在一些地方性历法，如孟加拉历（Bengali calendar）、泰米尔历（Tamil calendar）、泰卢固历（Telugu calendar）等，在各自地区用于传统节日和宗教仪式。

印度独立运动的兴起，使得重新审视和重塑印度历法成为一个重要议题。印度独立后，政府成立了印度国际日历改革委员会，希望能够制定适用于全国的统一历法系统。20世纪50年代，印度政府以塞迦纪年为基础，结合印度传统历法和西方公历，对官方历法进行革新，诞生了印度国定历。该历在计算上更简便直观，同时保留了印度本土传统特色，成为该国特别是政府领域使用最为广泛的历法。但是，以时轮历为代表的传统历法在印度民间依然保持着独特地位，许多传统节日及其节庆活动仍依据时轮历等来计算和安排。

二、印度历对于农业生产生活的影响

作为基于季节的时间框架，印度历与农事生产生活紧密相连，指导着农业的季节性生产、节日和仪式、食物文化和饮食习惯等多个方面，为印度作为农业大国的繁荣与稳定提供了坚实支撑。其传承与发展之路，在潜移默化间对人们生产生活产生着深远影响。特别是节日和仪式强化了农民与自然间的联系，推动不同宗教信仰人群的交流和团结。

（一）指导季节性农业生产

印度历与季节紧密相连，是农民依照时节开展农事活动的重要指南。农民根据印度历，制定播种、田间管理以及收获的时间。例如，针对棉花生产，不同地区依据历法节点安排差异化作业：北部平原的农民于4-5月播种短绒棉（Deshi品种）及高粱，待10-11月完成收获；中部棉带选择5-6月种植美种陆地棉（如Shankar-6品种），11-12月进入集中采收期；南部半岛则推迟至6-7月播种特长纤维棉（Suvin品种），次年1月采摘。其中，各地棉花的采摘活动与季风消退紧密联动：北部棉花在9月中旬至11月集中上市，恰逢西南季风于9月底结束，农民利用旱季晴朗天气加速晾晒；南部因季风提前至6月初抵达，12月即可完成采摘。印度历对农事活动的合理安排指导，有利于提高农作物产量和质量。

印度大部分地区属热带季风气候，降雨分布不均，印度历为农民提供了合理灌溉的决策依据。例如在6-9月雨季高峰期，水稻田通过引洪灌溉补充天然降水；北方小麦区在5月底季风抵达前，通过管井抽取地下水预灌，保障播种期墒情。历法还深度参与水利系统调度：4-5月限制恒河流域引水，优先向拉贾斯坦运河工程输水以缓解干旱区压力；南部12月至次年1月采摘季则启动池塘储水机制，应对次年3-6月热季灌溉需求。这些得益于印度历指导下的重要农田灌溉活动，有助于农民应对干旱和季节变化等挑战。

印度历也影响了印度传统的耕作和种植方法。例如，其季节设置确保各地区的各类作物耕作、播种和收割等活动与季节相匹配，体现了自然农法的特点。特别是地方性历法，帮助农民选择更适合本地的作物和种植方式。

（二）与农业节日和宗教仪式紧密相连

印度历中诸多节日和仪式与农业生产紧密相连，构成了印度农村社会和文化的重要组成部分。许多农业节日都是根据季节和农作物的生长周期来庆祝的，如"庞格尔节"（Pongal）正值第一季稻米收获，是人们感谢土地和神灵赐予丰收的重要时刻。庆祝活动中，农民们聚在一起，分享食物，举行祭祀，祈求来年的丰收和幸福。此外，印度还有许多与农业相关的节日，如"努阿卡伊节"（Nuakhai）在奥里萨邦庆祝，标志着新稻米的收获；"比胡节"（Bihu）在阿萨姆邦庆祝，庆祝春天的到来和农作物的播种。[1]这些节日通常伴随传统的舞蹈、音乐和丰盛的宴席，由此表达对土地的感激，同时，也增进了社区间的交流与团结。

---

[1] Mukundananda S. Festivals of India[M]. Jagadguru Kripaluji Yog, 2015.

此外，印度历中的宗教仪式，与祈求雨水的降临和农作物顺利生长等农事活动紧密相连。例如，在雨季开始前，农民们会举行"求雨仪式"，祈求神灵的庇护和雨水的滋润。其中知名的有苏摩祭，婆罗门祭司在恒河畔设三火坛（家主火、供养火、祖先祭火），用黄铜罐盛九勺圣水，撒黑白芥子并呼唤雷神"珠扎"、雨神"恰柏"，以《阿闼婆吠陀》咒术引导季风。该仪式需由三类祭官（劝请僧、行祭僧、祈祷僧）协同完成。此外，在农作物生长期间，农民也会定期举行祭祀活动，以感谢神灵的恩赐并祈求农作物健康成长。

这些农业节日和宗教仪式不仅丰富了印度农民的精神生活，也提供了与土地和自然环境建立联系的重要方式。印度有着以信仰为本位的宗教型文化，这种基于历法的节日体系，更生动展现了印度人民神灵崇拜传统，也是其与二十四节气不同价值取向的一个重要原因[①]。

（三）塑造多元食物文化和饮食习惯

印度历通过指导农业生产，深刻塑造出印度人的食物文化和饮食习惯。印度历通过将黄道十二宫与六季划分结合，形成了与农时高度适配的节日时序体系，其具体月份

---

① 刘琼. 中印传统节日的价值取向[J]. 湖北职业技术学院学报, 2010, 13(04): 58-60.

与食物的关联性存在多种维度。

首先是历法月份与节气性食材的强制绑定。例如，"霍利节"（Holi）对应印度历春季末期，依据《阿育吠陀》医学理论，在季节转换时有助于调节人体体液平衡，因此人们会在这时食用混合豆蔻、茴香等辛香料的大麻甜饺（Bhang Thandai）来调理身体。其次是历法彰显出宗教仪轨对食材选择的约束。例如，历法规定Magha月为"知识季"，供奉食物必须为黄色系，因此藏红花黄米酪成为必选祭品，其原料黄小米象征太阳能量，与历法中"智慧季需补阳"的条文直接对应。最后是农时节点对烹饪方式的历法规范。例如"丰收节"期间，泰米尔纳德邦规定食用曼盖伊帕查蒂（六味杂烩），这道菜包含苦楝花、生芒果等六种味道食材，直接呼应历法新年"辞旧迎新需尝尽人生百味"的训诫。

印度历中的宗教节日和仪式还有利于特定食物的传播与创新。比如，"十胜节"（Vijayadashami）会准备特定食物，南印度的人们会制作一种名为"Sundal"的混合坚果与豆类小吃，象征着胜利与繁荣。"屠妖节"（Onam）期间，喀拉拉邦则会准备一种名为"Onasadhya"的盛宴，包括多种蔬菜、肉类、海鲜和米饭等美食，象征着丰收和富饶。这些宗教节日和仪式的庆祝，不仅形成了丰富多样的地方特色菜肴，让印度食物文化变得多元和深厚，也加深了印度人对传统文化的认同感。

三、印度历与二十四节气比较

印度历和二十四节气既展现出一定相似性，又各自蕴含着独特的内涵与优势，对于各国的农事、气候观测、民俗习惯等有着重要指导作用。二者基本的天文背景一致，都基于天文观测，特别是太阳的运动轨迹，反映太阳在黄道上的位置变化。但是，印度历和二十四节气是两个不同文化和地理背景下的时间系统，起点和划分方式不同，文化内涵也不同。印度历注重宗教和农业季节，二十四节气则更强调四季变化和农事安排。此外，印度历和二十四节气在日期设定和庆祝方式上也存在诸多差异。

（一）印度历与二十四节气时间划分异同

印度历与二十四节气都为太阳历。印度历的月份设置以黄道十二宫为准，月份大小十分规律，月份名称也继承自印度时轮历。该历将一年划分为12个月，归为6个季节，每个季节2个月，每个月长度略有不同；二十四节气则将一年划分为24个特定时间点，通过时间节点来细分一年中的气候和物候变化（表13）。

表13 印度历月份、季节划分与二十四节气对应

月份序数	月份名称	月份天数/天	季节	月份起始日期（公历）	对应的二十四节气	对应的黄道星座
1	Chairta	平年30 闰年31	春季	平年3月22日 闰年3月21日	春分，清明	白羊座
2	Vaishakha	31	夏季	4月21日	谷雨，立夏	金牛座
3	Jyeshtha	31	夏季	5月22日	小满，芒种	双子座
4	Ashadha	31	雨季	6月22日	夏至，小暑	巨蟹座
5	Shravana	31	雨季	7月23日	大暑，立秋	狮子座
6	Bhadrapada	31	秋季	8月23日	处暑，白露	处女座
7	Ashwina	30	秋季	9月23日	秋分，寒露	天秤座
8	Kartika	30	初冬季	10月23日	霜降，立冬	天蝎座
9	Margashirsha	30	初冬季	11月22日	小雪，大雪	射手座
10	Pausha	30	冬季	12月22日	冬至，小寒	摩羯座
11	Magha	30	冬季	1月21日	大寒，立春	水瓶座
12	Phalguna	30	春季	2月20日	雨水，惊蛰	双鱼座

印度历的时间划分及其重要节日的安排，与宗教、农业等因素密切关联。在宗教层面，印度历对于印度教、佛教和耆那教等宗教节庆和日常生活有重要指导作用。对印度教而言，印度历精确界定了祭祀、祈福和冥想等宗教活动的时日；对佛教而言，佛诞、成道与涅槃等关键节点，也依赖于印度历的准确标注；对耆那教而言，它规定了信徒进行忏悔、修行和庆祝的具体时机。与印度历相比，二十四节气的时间划分侧重于帮助农民合理安排种植、养

殖和收获等农事活动。总之，印度历与二十四节气都基于各自的天文观测和农业经验，集中反映了季节变化和农业生产规律，但二者服务生产生活的侧重点有所不同。

（二）印度历与二十四节气起点异同

印度历中一年的起始通常是以公历的某个特定日期为基准，尽管其月份设置与黄道十二宫相关，但具体到年份的起始，则是以公元78年为印度历元年，平年以公历的3月22日为一年开始，闰年则提前一天。这一设置更多地体现了历法的统一性，有助于减少传统历法差异带来的混乱。

如前文所述，节气起始的重要观点之一是二十四节气始于冬至。西汉刘安的《淮南子·天文训》中，二十四节气是以冬至为开端，其排序是冬至、小寒、大寒、立春……立冬、小雪、大雪[①]。这一排序根据北斗星勺柄在初昏时刻所指方向来定义。冬至时，北斗星勺柄指向正北方，被视为节气起点。从阴阳学角度看，冬至日阴极之至而阳气始生，所谓"阴极而阳始至"，阳气开始复苏。因此，冬至在古代被视为新年岁首，具有辞旧迎新的意义。例如，西汉司马迁在《史记·历书》中提到太初元年，"年名'焉逢摄提格'，月名'毕聚'，日得甲子，夜半

[①] （汉）刘安. 淮南子集释·卷三 天文训[M]. 何宁, 撰. 北京: 中华书局, 1998: 213-214.

朔旦冬至"[①]，表明冬至在二十四节气中的重要地位。此外，学界也有观点，立春和春分逐渐被认为是二十四节气的起点。

印度历与二十四节气起点的制定均基于农事经验，从而具有重要的生产生活指导价值。在中国古代农耕社会，节气生动反映着一年四季周期变化，冬至标志农事活动的分界点。其后，一些宴饮、祭祀等庆祝活动开始举行，以示对一年辛勤耕作的回报和对未来丰收的期盼。以立春或春分作节气起点，则为北半球气温回暖的标示。

比较印度历的月份起始时间和二十四节气各节气起始时间，可以看出印度历每个月的月首日基本上和二十四节气里的十二个中气日期相当，印度历里的一个月大致对应二十四节气中的两个节气（表3-6-1）。例如，印度佛经《虎耳譬喻经》中，出现了对印度历昼夜长短交替规律的描述，详细标注了太阳直射点周年运动的日期："……如何增长呢？在冬季的第三个月的dohita，以第八分，日十二牟呼栗多，夜十八牟呼栗多。在夏季的第三个月的dohita，以第八分，日十八牟呼栗多，夜十二牟呼栗多。……在昼的第八分，一天，年，十五牟呼栗多，夜十五牟呼栗

---

① （汉）司马迁. 史记·卷二十六 历书第四[M]. （南朝宋）裴骃, 集解. （唐）司马贞, 索隐. （唐）张守节, 正义. 中华书局编辑部, 点校. 北京: 中华书局, 1982: 1260–1261.

多……"由于印度历的部分关键时间点大致对应春分等节气，一些佛经《摩登伽经》的汉译本，在翻译时则直接采用中国节气中的"两分两至"（即春分、秋分、夏至、冬至）进行替换，尽管这两个历法体系中的时间点并不完全一致。①

由此可见，印度历与二十四节气起点的选择均受各自地理环境和文化背景的深远影响，并且由于两国同处北半球，在时间设定上十分接近。

（三）印度历与二十四节气文化内涵异同

1. 春分与春望节

在印度历中，与二十四节气中的春分相对应的是"春望节"（Vasant Panchami）。春望节是印度教和耆那教传统中的重要节日，通常在阳历的1月或2月份庆祝，字面意思是春季第五天。这个节日与艺术、学问和教育相关，主要庆祝新生命和希望的到来。在庆祝活动中，人们会穿着黄色服装，表达对新的开始和繁荣的祝福。许多人会前往寺庙祈祷，祭拜女神萨拉斯瓦蒂（Saraswati），她是知识、学问和艺术的女神。可见，春望节与春分的概念和象征意义非常相似，都标志着冬季与春季的交替，代表着新生和

---

① 周利群著. 虎耳譬喻经文本与研究[M]. 上海：上海交通大学出版社，2020：90-94.

希望的开始。不同之处在于，春望节更多与艺术和文化相关，而春分则更侧重于对农事活动的指导。

2. 秋分与萨拉斯瓦蒂满月节

印度历中的"萨拉斯瓦蒂满月节"（Sharad Purnima）与二十四节气中的秋分相对应。该节同样是印度教和耆那教传统中的重要节日，通常在阳历的9月或10月庆祝，其字面意思是秋季满月，标志着秋季的到来，主要庆祝丰收和繁荣，也是对女神卡尔蒂基（Kartiki）的敬意和祈祷[1]。人们会在夜晚欢聚一堂，进行音乐、舞蹈和狂欢等节庆活动。还有一项流行的传统是夜晚走在田野上，欣赏明亮的秋月，并享用特别准备的食物。同样的，萨拉斯瓦蒂满月节与秋分的概念和象征意义相近，都标志着夏季与秋季的过渡，代表收获和丰收季节的到来。

3. 夏至与Grishma Ritu

印度历中的部分节日和时间节点也与夏至存在相似之处。印度历一年六个季节之一的Grishma Ritu对应于夏季，通常从四月或五月开始，一直延续到六月或七月。这时，天气变得炎热，气温升高，日照时间较长。其中，印度历中的Jyeshtha月通常与夏季紧密相关，大约对应阳历的五月或六月，此月内酷热逐渐加剧。Gatari是马哈拉施特拉邦

---

[1] 佚名.萨拉斯瓦蒂节[J].文明, 2020(3):13–13.

地区的传统节日，通常在七月或八月庆祝，前一天被称为Gatari Amavasya，人们将举行盛大的狂欢和庆祝活动。尽管没有直接的节日对应，但两者都反映了夏季炎热的季节特点。此外，印度历中的此类节日更多与宗教和地区传统相关，而夏至等节气则主要与天文现象、农事活动相关。

4. 冬至与Shishira Ritu

印度历中一年六个季节之一的Shishira Ritu对应于冬季，通常从十月或十一月开始，一直延续到一月或二月。天气在这个季节中变冷，气温下降，夜晚变长。其中，Margashirsha月与冬季紧密相关，大致对应于阳历十一月或十二月。此月气温开始下降，寒冷逐渐加剧。Dhanurmasa是印度南部地区的一个传统时间段，通常从十二月中旬开始，一直延续至一月中旬。在这段时间里，人们进行宗教和精神活动，如黎明时的祈祷、冥想和歌颂。上述提到的Margashirsha月和Dhanurmasa等，都强调冬季的寒冷、夜晚更长和太阳照射时间的减少。相较之下，中国冬至更多与农事活动的减少和冬季的养生相关，印度历中的这些"冬至"则增添了一些宗教仪式的神秘光彩。总之，无论是二十四节气还是印度历中的节日及其庆祝活动，都展示了人类对自然规律的顺应与崇敬之心。

四、小结

印度历与二十四节气作为亚洲时间体系的重要代表，历史悠久且各具特色。印度历以公历特定日期为基准，将一年划分成六个季节。同时，受到宗教文化与地域传统的深远影响，融合了印度教、伊斯兰教及公历元素，展现出强大包容性，指导着印度农业、宗教庆典等生产生活。相比之下，二十四节气更侧重农事指导，细致划分气候物候，确保农事活动适时进行。它基于天文现象与农事经验，设置冬至、立春等节气，体现了古人对自然的精准洞察与顺应，以及生生不息的农耕文明传统。

在这样的背景下，二者在时间划分上各有千秋，印度历以月份和季节为基准，与黄道十二宫紧密相连；二十四节气则以二十四个特定时间点，精确捕捉气候变化。在内涵上，印度历节日多与宗教相关，强化文化认同与团结；而二十四节气则更贴近农事实践，展现农耕智慧。总之，印度历与二十四节气尽管存在起点、划分方式及文化内涵等方面差异，但二者均源于天文观测与生活实践，对农业生产、文化传承具有重大意义，不仅是时间管理的工具，更是民族文化精髓的集中体现。

第七节　二十四节气与佛历

佛历（巴利语：Sāsanā Sakaraj，印地语：बौद्ध पंचांग，Bauddha Paṃcāṃga）是一种采用佛灭或佛诞纪年的古印度历法。以佛灭或佛诞之年为元年，一百年为一个世纪。其本质是阴阳合历，盛行于柬埔寨、泰国、老挝、缅甸、斯里兰卡等南亚和东南亚佛教国家，在中国蒙藏地区也十分常见。

一、佛历的发展源流

佛历以佛灭或佛诞年为元年，遵从已有的阴阳合历的历法模式。因此，佛灭和佛诞两个年份是佛历研究的重点。但由于印度古代史缺少明确的年代记载，因此对释迦牟尼佛诞和佛灭的年代聚讼纷纭。其中的时间差最高可达2000多年。如西藏所传佛灭时间为公元前2422年，而丹麦学者韦斯特加德考证的佛灭时间是公元前368年。[1] 目前，有关佛诞和佛灭时间的构拟总计约七十种。尽管说法众多，但切入点大致有以下四种：

---

① 林子青.佛教纪元抉择沦[M]. 现代佛教学术丛刊(97)：25.

第一，以《菩提伽耶碑记》为主要切入点进行考察。

菩提伽耶是释尊成道地，位于恒河中游。而《菩提伽耶碑记》为此处所获碑文，其上文字记载佛灭时间有二：其一为公元前481年，其二为公元前546年。两说后传于斯里兰卡、缅甸等地，但或因历算方式的差异，导致目前多地流传的佛灭年代均为公元前544年。在现代的佛学研讨会中也多采用前544年之说。

第二，以"众圣点记"为切入点进行考察。

据记载，为缅怀佛陀离世，从佛灭当年开始，教徒在每次诵戒后会在律本上点一个点，以记年数，以后年年如此。此为"众圣点记"。如《善见律毗婆沙》记载永明七年（489年）七月半共得九百七十五点。

第三，以阿育王即位年为切入点进行考察。

阿育王即位年分南传佛教和北传佛教两个系统。在南传佛教中，据《善见律毗婆沙》以及《岛史》记载，阿育王即位年为佛灭后218年。由此推出的佛灭年代为前489—前486年。而北传佛教，据《阿育王传》和《十八部论》载，阿育王即位年为佛灭后116年，由此推出的佛灭年代为前387—前384年。

第四，以《周书异记》为切入点进行考察。

据《周书异记》记载，释迦牟尼生于周昭王二十六年甲寅，灭于周穆王五十三年壬申。后来，隋代的《历代三宝记》、唐代的《广弘明集》、北宋的《佛祖通载》等书均信从此说。直到近世，该说一直在内地佛教盛行。

目前，佛灭年代有两种观点最具代表性：一是以南亚和东南亚各国为代表的公元前544年，二是以中国蒙藏地区为代表的公元前961年。而关于佛诞纪年，内地多信从公元前1027年说。[1]

二、佛历对于农业生产生活的影响

（一）佛教与农业生产

佛教的创始人释迦牟尼在少年时代作为悉达多太子时，便接触农业并对其间发生的各种现象有所深思——"在传统的'王耕节'时国王要在这一天亲自耕种土地，净饭王带领悉达多太子来到田野，太子看见在田地里的农夫赤背裸身在烈日下吃力地劳作，耕田的牛被绳索鞭打皮破血流，被犁铧翻出来的小虫蚯蚓，被鸟雀竞相啄食，鸟雀又被蛇、鹰吞食。这一幅幅生存斗争、弱肉强食的情景，使王子感到很痛苦，他无心游玩，就走到一棵阎浮树下静坐沉思"[2]，这种"涉农"沉思必然会影响他后来创立和组织佛教思想，并将农业元素引入其佛教思考和表达

---

[1] 吕澄. 印度佛学源流略讲[M]. 上海：上海人民出版社，2005：5.
[2] 王圣钧. 中国人的文化密码[M]. 北京：华夏出版社，2013：351-352.

中。最典型的例子是《杂阿含经》卷四中以下记载：佛一次看见婆罗豆婆遮婆罗门耕田，婆罗门问世尊何不耕而食物？"世尊为婆罗门说耕田偈云：'信心为种子，苦行为时雨，智慧为犁轭，惭愧心为辕，正念自守护，是则善御者。保藏身口业，知食处内藏。真实为其乘，乐住为懈息，精进为废荒，安隐为速进，直往不转还，得到无忧处。如是耕田者，逮得甘露果，如是耕田者，不还受诸有。'"[1]

佛教传入中国后，与中国农业社会相互影响，形成了"农禅并重"的中国化佛教模式。在这种佛教模式中，不仅农业劳作本身，而且农作物的生长过程，以及构成这一过程的环节和部分也都以各自不同的意义和方式进入佛教的表达序列。

以佛历中国化为例，据记载，寺院自耕农田最早始于东晋，以农悟道的生活习惯和修行方式，曾经是古时寺院的重要组成部分。由于许多祖师大德是农家子弟出身，也因此带动了古时农事活动和农业技术的发展。尤其百丈禅师倡导的"一日不作，一日不食"的农禅思想，为大众树立了勤劳生活的榜样。佛教在新植物品种的引进培植方面也贡献巨大，例如菠菜、新罗茄子、胡桃、胡椒、胡萝

---

[1] 释道世. 法苑珠林校注·卷第二十一·归信篇第十一·小乘部第二[M]. 周叔迦，苏晋仁，校注. 北京：中华书局，2003：672.

卜、波罗蜜、贝多树等植物，都是古时通过僧侣们的弘法交流活动引进到中国的。

水稻生产讲究季节时令，合适的播种时间才能保证有生产收获。史诗《巴塔麻嘎捧尚罗》中记载：人类有了谷种，但没有制定年月日和季节，冷热分不清，人见潮湿地就撒谷种，不料热来了，泥土被烤干，发出的幼苗被烧焦。人们重撒谷，把谷撒在水边，把谷撒在沼泽地，但又遇到了热神与冷神斗架，冷神占了上风，放出冷祸，水边刚长出的稻苗又被冻死，当地民众稻作生产难以有收获的保障。南传佛教将佛祖诞辰设在泼水节作为傣历新年和稻作生产的开始，并将水稻中耕生产后较为空闲的时节设作开门节、稻作生产即将收获之际设作关门节。开门节的时令安排不能排除佛教的有意附会，突出佛教仪式活动对生产的促进作用，但这些宗教节日的设置更符合傣族地区的实际稻作生产。

在东南亚很多傣族聚居区，不仅重大的宗教节日与佛教存在联系，而且稻作生产的几乎各个环节都有佛教参与，稻作生产放水、祭田头、撒种、开秧门、关秧门、控水、收割、打谷入仓等环节都要到奘房举行祭献仪式，人们祭祀寨神之前都必须先去奘房祭献。过去以树木为象征的社神——寨心现已大多被换成佛塔形，或建成小佛亭，全寨范围祭寨心的活动也以佛教活动为主，定期在泼水节期间举行。此外，收割新谷后，不仅要用草编的塔形帽子盖住稻田的谷垛来防雨，人们还要过袈裟节，村民在给佛像换衣后，会抬着佛像到村寨、寨神处巡游，人们将谷物、米花等混合在一起，洒向佛像以庆祝丰收。西双版纳传统的田间祭祀活动，如祭头田、开秧门等活动中也有佛教仪式，以佛祖为表征的蜡条已成为必不可少的祭祀物品。在南传佛教改进傣族稻作生产后，特别是中国德宏、西双版纳傣族的耕作方式、祭祀仪式与无南传佛教信仰的金沙江傣族地区已经有很大差异，南传佛教教仪和教理已成为德宏、西双版纳稻作生产中遵循的基本规范。①

（二）佛教与民俗生活

我们可以在东南亚很多地区人们日常生活中看到佛教的痕迹和影子，可见佛教对节日习俗的影响已深入当地文化传统风俗习惯的各个层面，从衣食住行、节日活动等方面对人们心理性格和善恶观念产生潜移默化的教化和影响。

佛教自然而然会融入当地传统习俗。如中国傣族新年俗称"泼水节"，即从小乘佛教的传统节日发展而来的，在公历四月中旬。按照傣历岁时，傣族新年的头2日为辞旧活动，最后1日迎新。人们在节日期间沐浴更衣，涌入佛寺

---

① 赖毅. 南传佛教与傣族稻作生产[J]. 中国农史, 2016, 35（06）: 44-54.

堆沙造塔，听经浴佛，然后看高升焰火，赛龙舟，歌舞。节日高潮在迎新的泼水日，男女老少在这天走上街头，相互泼水致贺祝福，祈求消灾祛病、五谷丰登。节日圩集上作买作卖、十分热闹。泼水节是傣族最盛大的综合性节日，节日的由来及节日期间的一系列活动都与佛教有着密切的关系。

六月六，寺中有晾经会，翻经晒书，僧众礼佛诵经，将藏经取出，平铺殿前条案上用经拨子支起晾晒，以防蛀蠹，袈裟僧衣一并翻晒，只许男子参与，女施主免进。但清人顾禄的《清嘉录》介绍"翻经"："诸丛林各以藏经曝烈日中，僧人集村妪为翻经会。谓翻经十次，他生可转男身。"[1]

三、佛历与二十四节气

佛历是以佛灭或佛诞为坐标的纪年方式，对考察佛教人物及相关历史事件具有重要意义。藏文文献可见"佛历表"的记载，藏语称为"丹孜"（bstan-rtsis），又有"教历""年表""年鉴"等不同的译法。[2]西方学者或译之为"chronological treatises"，并将佛历表列为藏文九大史学

---

[1] 顾禄. 清嘉录·卷六 六月·翻经[M]. 来新夏, 点校. 北京: 中华书局, 2008: 134.
[2] 德格吉. 佛历中的学问: 松巴堪布《佛历表》的编纂特点及史学价值[J]. 中国藏学, 2021（1）: 142.

题材之一[1]，这些都直观体现了佛历宗教和史学的内在价值。

就本质而言，佛历以人或事件为主体，强调以宗教为核心的记录，所有叙事均围绕"佛"来展开，反映的是宗教统治者的意志。因此佛历是一种"纪年"。以《如意宝树史》中的"佛历表"为例，据统计，该佛历表记录了七百余年一千六百四十余条事件。其主要内容涵盖佛教各教派创始人和主要传承弟子的生卒年代，以及他们的讲经游学、建寺弘法、出任要职、著书立说等经历。除此之外，还记录了与佛教相关的藏、汉、蒙等地的重要社会政治事件。[2]可以说这是一部内容翔实的佛教史书。

而二十四节气的本质是人对自然规律的认识，相关历法的推行虽脱胎于统治阶级的意志，但造福于广大民众，是农业文明背景的真实写照。《诗经·豳风》载："六月食郁及薁，七月亨葵及菽。八月剥枣，十月获稻，为此春酒，以介眉寿。七月食瓜，八月断壶，九月叔苴。采荼薪樗，食我农夫。"[3]反映了农业生产与时节的对应关系。

---

[1] VOSTRIKOV A. Tibetan Historical Literature[M]. Routeledge Curzon Press, 1994: 101-138.

[2] 德格吉. 佛历中的学问: 松巴堪布《佛历表》的编纂特点及史学价值[J]. 中国藏学, 2021(1): 143-144.

[3] 程俊英, 蒋见元. 诗经注析·十五国风·豳风·七月[M]. 北京: 中华书局, 1991: 413.

《礼记·月令》也在"孟春之月"中记载了"东风解冻，蛰虫始振。鱼上冰，獭祭鱼，鸿雁来"[①]等物候现象。直到今天，在国内很多地区还流传着二十四节气歌谣，如一首辽宁的小调如是唱道："立春阳气转，雨水沿河边，惊蛰乌鸦叫，春分地皮干，清明芒种麦，谷雨种大田，这是春天。立夏鹅毛稳，小满雀来全，芒种正铲地，夏至不纳棉，小暑不算热，大暑三伏天，这是夏天"[②]。由此可见，二十四节气几乎贯穿了中华民族的发展始终，是广大人民极其珍贵的财富。而佛历对于佛教徒而言是其精神信仰的依托，同时也是一部翔实的佛教史档案。

佛教讲求"三皈五戒"顺应天命的人生观，与二十四节气顺天应时的哲学观相契合，佛历中对应的佛教节日、活动及文化艺术活动，与节气活动相联系，既体现佛教对自然的敬畏，更促进了佛教文化与农耕生产生活方式的紧密相连。事实上，在佛教传入中国后，其相关活动与二十四节气进行了不少融合。如汉传佛教沿袭冬至祭祖这一传统，僧众在冬至日这天以诵经、上供、扫塔等形式追思纪念祖师先德。有的寺院为方便信众，特设功德堂，为信众提供放置先祖牌位的处所以供超荐。此外，21世纪初

[①] 朱彬. 礼记训纂·卷六 月令第六[M]. 饶钦农, 点校. 北京: 中华书局, 1996: 218.

[②] 中国民间歌曲集成·辽宁卷[M]. 北京: 人民音乐出版社, 1995: 156–157.

敦煌发现的疑伪径《提谓波利经》抄本，其内容为劝人信仰佛法，持戒行斋，并于农历的阴历正月、五月、九月初一至十五奉行三长斋，二十四节气中的八王日（立春、春分、立夏、夏至、立秋、秋分、立冬、冬至）持戒念佛，即能延年益寿，往生天上[①]。在中国寺庙中，许多寺庙会根据节气变化组织特殊活动。例如在春分时节，一些佛教寺庙会举办春季祈福法会，祈求来年丰收和平安。夏至时分，一些佛教寺庙会举行夏季禅修活动，借助夏至阳光的光明和温暖提升修行效果。佛教寺庙通过佛教活动与节气相融合，不仅满足了信众对佛法的需求，更加彰显了佛教活动顺应自然变化韵律的哲学智慧。

---

① 吕德廷.鹿头梵志的早期形象及宗教内涵[J].敦煌研究,2016（1）:6.

第四章

全球视域下
二十四节气保护传承策略

第一节　全球视域下二十四节气的特点

二十四节气是中国农耕文明源远流长的重要见证，是中华民族的宝贵智慧结晶，反映着中国古代的科学观、宇宙观、生命观、文化观。二十四节气作为传统时间制度，是民众生产生活的重要参考，涵盖农业生产、饮食养生、仪式信仰、节日庆典、民间文艺等方方面面。同古代世界其他时间制度相较，二十四节气呈现出鲜明的民族性，其背后所蕴含的是中华民族独有的文化表征。这些特点主要表现在如下几个方面：

第一，二十四节气与农业生产密切相关。二十四节气起源于四季分明、农耕历史悠久的黄河中下游地区，是中国古代劳动人民在长期农业生产实践中创造出的时间节令。二十四节气是基于对日影的科学观测和对四季变化规律的准确把握，通过对二十八宿度数、十二律长度的精密测算，并结合农事活动与气候变化的客观规律而形成的科学认知。可以说，二十四节气的诞生与中国农耕文明密切相关，它也成了农业生产活动的时间指针。农业生产一向是古代民众衣食生活的最主要来源，它包括耕地、播种、灌溉、施肥、收获等一系列环节。一年之中，从农作物的播种到收获，各工作环节必须顺应农时，依次展开。"不违农时"也就成为农业生产的基本遵循，而"农时"的把握依据便是二十四节气。二十四节气根据太阳周年回归运动而制定，能比较准确地反映气候的冷暖变化、降水多寡与季节变化，农业生产的进行恰与冷暖变化息息相关。因此，中国古代各种植区根据自身的气候特点和生产经验，形成了大量二十四节气农谚。这些农谚简短流畅、精练深刻，贯穿耕地播种、田间管理、粮食收储等各个环节，如"清明前后，种瓜点豆""立夏快锄苗，小满望麦黄"等，均体现了二十四节气和农业生产活动密不可分的关系。

第二，二十四节气是民众日常活动的基本遵循。一年之中，受自然节律的影响，农业生产活动都遵循农事节律，并与之相适应，传统日常社会生活也会表现出一定的节奏性。节气是中国古代民众日常社会生活的重要时间节点，一年四季各有其时，各种活动也相应配合、融入各个节气中。春生、夏养、秋杀、冬藏是"天之道"，围绕着这一天道信仰，不仅"圣人副天之所行以为政，故以庆副暖而当春，以赏副暑而当夏，以罚副清而当秋，以刑副寒而当冬"[1]，普通人的生活起居也要依照四季时令的阴阳特

---

[1] 董仲舒. 春秋繁露义证[M]. （清）苏舆, 撰. 钟哲, 点校. 北京: 中华书局, 1992: 353.

性安排，并由此形成特定节气时令的信仰、禁忌、仪式活动。如古代月令性农书，即根据年度自然节律变化，依次记录农事活动及民众日常各类活动，是中国社会早期各阶层需遵循的律令，对当时的民众活动具有强烈的规范和指导意义。围绕节气形成的一系列仪式活动，使古人取得了与天地的沟通，实现社会人事与自然的协调。

第三，二十四节气衍生出丰富的民俗文化。二十四节气蕴含着丰富的民俗内涵，是民间习俗的重要体现和组成部分。几乎每个节气都有丰富多彩的习俗活动，如奉祀神灵、崇宗敬祖、除凶祛恶、休闲娱乐。一些与二十四节气相关的时令庆典，如石阡说春、苗族赶秋、半山立夏节、壮族霜降节、三门祭冬等，兼具传统内涵与地方特色，至今仍焕发着活力。同时，一些围绕二十四节气的民俗活动还催生出许多相关的文学作品，如杜甫的《立春》、白居易的《和梦得夏至忆苏州呈卢宾客》、蔡云的《吴歈》，既是当时民俗的实录，又是传唱千百年的文学名篇，为中国文学增添了浓墨重彩的一笔。

第四，二十四节气体现了天人合一的文化理念。二十四节气作为中国古人仰观天宇、俯察大地而总结出的科学知识，呈现的是时季转换的客观规律。遵循传统"天人合一，顺应天时"的理念，以二十四节气为中心，形成了丰富的养生习俗，如立春补肝、立夏补水、立秋滋阴润燥、立冬补阴等。相应地，基本每个节气都发展出传统节气食物，并衍生出饮食文化。这些节气食物多具有应时当令的特征，如在大地回春之际，以辛温食物，发散藏伏之气，故古人"荐羔祭韭"，以迎春、助阳；夏天高温潮湿，为防止"疰夏"之疾，故饮"七家茶"、食"立夏饭"，以达强身助力之目的。以上均是人与自然在交流互动中达到和谐统一的重要表征。因此二十四节气的意义还在于建构人与自然和谐共生的美好关系。

第五，二十四节气构筑起中华民族特有的集体记忆。二十四节气不但建构了共同农时体系，还建构起共同的文化认同。当下国家设定节气日为国家法定节假日，不仅是民众生存发展、国家长治久安的重要内容，更是构建中华民族集体记忆和文化认同的重要手段。通过搭建集体活动的场域，民众共同参与，围绕二十四节气而形成的传统节日在不同程度上唤醒了多民族共创的集体记忆与中华文化认同情怀，从而实现对传统的延续、认同的凝聚和文化的发展，也推动着中华优秀传统文化跨国的传播和弘扬。

世界其他文明古国历法与二十四节气相比，其共同点在于大多与农业息息相关。如玛雅人创立的太阳历即是出于农业和祭祀的需要，其每个月份的名称皆与农业有关，如"楚恩"意为播种月，"摩尔"意为收割月；古埃及民间历法则根据尼罗河水的定期涨落和农作物生长的规律，把一年分为三季：泛滥季、耕种季、收获季，对于当地农耕有着至关重要的意义。当然并非所有历法都是用于指导农业生产，如古埃及太阴历即是用于确定宗教节日的时间，玛雅的卓尔金历则被用来确定宗教及祭典项目的时间以及占卜等事项；再如伊斯兰教历同时参考月球运行周期和宗教礼拜需要，根据满月和新月确定斋月等宗教节期，以服务于伊斯兰教的教义、教规。

同时，二十四节气与其他历法一样，都有不断发展、完善的过程。早在春秋战国时期，人们就已经有了"日南至""日北至"的概念。至战国后期《吕氏春秋》中，又衍生为立春、春分、立夏、夏至、立秋、秋分、立冬、冬至等八个节气。西汉《淮南子》中，便发展为与现代完全一样的二十四节气名称。同样，埃及历法经历了从阴历到太阳历的变化，公历也经历了古埃及早期阳历到罗马儒略历，再到格列历的演进。总体而言，都较前代更为细化、精确。

此外，二十四节气与其他国家历法一样，都是立足于本地气候环境而制定。如二十四节气是以黄河流域的天象、气温、降水和物候的时序变化为基准而制定，古埃及民间历法则是根据尼罗河流域的实际情况来制定。同样地，它们又都承载着本民族的文化认同。因此围绕各自的历法，不同民族形成了具有自身民族特色的文化、习俗。如在以儒家传统和农耕文明为主流的中国，便形成了"顺天应人"的理念、风俗和饮食习惯，而在遵奉伊斯兰教的伊斯兰地区，则产生了开斋节、宰牲节、圣纪节这三大节日。

从历史长河看，文化遗产始终是文明交流的结晶。儒略历汲取了埃及历法的有益经验进而形成了我们今日使用最为广泛的公历；二十四节气远播日本、朝鲜、韩国、越南、马来西亚等多国，给当地民众生产生活留下了深刻的文化印记，这些国家在中国历法的基础上保留了大部分节气，并调整部分节气的时间或名称，创立了适合本土特点的历法，有的还增设了具有本国特色的节令习俗，比如日本的杂节。经过本土化的二十四节气体系，以丰富多元的形式影响着东亚、东南亚国家的农业、历法、节庆、社交、语言、文艺以及衣食住行等各个方面，在今天依然焕发着生机。[1]

---

[1] 唐志强. 研究二十四节气有何现实意义[N]. 人民日报海外版, 2022.

第二节　二十四节气的保护传承路径

习近平总书记指出："在人类历史的漫长进程中，世界各民族创造了具有自身特点和标识的文明。不同文明之间平等交流、互学互鉴，将为人类破解时代难题、实现共同发展提供强大的精神指引。"[1]人类文明多样性是世界的基本特征，也是人类进步的源泉。我们应始终秉持开放包容的态度，加强国际合作和交流互鉴，推动节气文化产生更大的世界影响。

近年来，国家高度重视二十四节气的保护传承工作，在政策、机制等方面持续健全，取得了可喜成就。在多方努力下，2006年，二十四节气被列为首批国家级非物质文化遗产。2016年11月30日，二十四节气被正式列入"人类非物质文化遗产代表作名录"，得到国际社会的广泛认可。2020年，二十四节气保护传承联盟成立，联合社会各界，持续推动着节气文化的创造性转化创新性发展，使其

---

[1] 新华社. 习近平向第三届文明交流互鉴对话会暨首届世界汉学家大会致贺信[N/OL]. 2023-07-03[2024-03-29]. https://www.gov.cn/yaowen/liebiao/202307/content_6889679.htm

在今天依然焕发着生机和活力。通过"共创与共享""传承与传播""稳定与发展"的文化演进之路，二十四节气成为维系中华民族认同和归属感的重要纽带，及国人价值认同的典型代表。在新时代背景下，我们要进一步推动二十四节气保护传承，完善节气在现代生活中的定位与发展路径，让节气成为讲好中国故事、传播中国文化的重要窗口，在中国乃至世界发挥更重要的作用。

通过二十四节气保护传承来丰富非物质文化遗产体系，进一步助力乡村振兴。非物质文化遗产根植于中华农耕文明，节气作为其重要组成部分，既为优秀文化传统传承保护提供了广阔平台，也赋予传统文化服务社会及创新发展以宝贵契机。春分立蛋、清明祭祖、立冬吃饺子喝羊汤等节气传统对于凝聚人心、增进社会团结、强化区域共同体意识发挥着重要作用。

节气同样对促进生态文明建设、推动乡村生态振兴具有极高价值。如浙江省丽水市松阳县新兴镇平卿村是国家级传统村落，其四大祈福会分别与谷雨、小满、立秋、白露节气对应；芒种开犁节是浙江省云和县梅源山区在每年芒种时令启动夏种的汉族传统民俗活动，并入选了国家级非物质文化遗产名录。因此，通过做好二十四节气的保护传承工作，能够为当代社会提供可持续发展的生态资源，进一步充实非物质文化遗产体系的内涵，并为乡村振兴大业添砖加瓦。

通过二十四节气保护传承联结民族情感，充分发挥其精神纽带作用。二十四节气是中华优秀传统文化的重要组成部分，是中华文明绵延传承的生动见证，是联结民族情感、维系国家统一的重要基础。二十四节气能够延续至今并不断发展，与中华民族5000多年源远流长的文明密不可分，它是世界上唯一没有中断的文明的历史缩影，也是中华民族大家庭休戚与共、水乳交融的真实写照。作为团结海内外同胞的精神纽带，二十四节气在凝聚中华民族力量，尤其是在推动和平统一中能够发挥不可替代的重要作用。两岸同胞血脉同宗、文化同源，源远流长的中华文化是两岸同胞心灵的根脉和归属，二十四节气蕴含着两岸同根同源的农耕智慧，是两岸同胞共同的宝贵财富和心灵契合的具体体现。因此在促进民族团结、推动两岸统一方面，可以有效利用二十四节气的文化渊源，以二十四节气保护传承为桥梁纽带，搭建新平台，积极拓展学术和文化方面的交流合作，在资源共享、优势互补中增进利益福祉，实现共同发展。在加强了解、弘扬传统中，越走越近、越走越亲。

通过二十四节气保护传承助力优秀文化走出国门，为全球文化多样性贡献中国智慧。节气系统的传播及其深远影响，增进了青年群体对以节气为代表的中华农耕文明的认识和了解，提升了世界对中华传统优秀文化的认知与认可，有效增强了民族文化自信。未来，我们要进一步加强对二十四节气的学术研究、学理阐释，通过挖掘节气文化的资政意义、提炼节气文化中的智慧思想、分析节气文化中的发展理念，让节气研究为国家治理体系和治理能力现代化提供智慧支持。把优秀思想和传统文化融入经济发展工作中，如大力开发节气文化创意产业，着力提升物质产品的文化含量，推动文化软实力转化为经济硬实力。要通过对节气的深入研究与应用转化，发掘其更多内涵，进一步夯实中国文化软实力，为讲好中国故事、打造中国形象增光添彩，向世界展示中华文化多层面的自信。总之，要通过对二十四节气的活态传承和创新开发，使其突破历史、地域的限制，成为永葆生机的物质与精神源泉。

"春雨惊春清谷天，夏满芒夏暑相连。秋处露秋寒霜降，冬雪雪冬小大寒。"二十四节气诞生于博大精深、开放包容的中华文明，伴随着文化的互通互鉴而发荣滋长。在多民族多国家的交流交往中，独具特色的节气文化也深刻地影响了世界，丰富着人类共同的精神文化家园，并成为展示人类命运共同体的多彩窗口。今天，让我们通过对二十四节气的保护、传承和研究利用，继承并不断丰富中华农耕文明的深刻内涵，向世界展现更加真实、立体、全面的中国，让世界聆听华夏之音，领略新时代中国之美。